中文版 Illustrator CC 基础教程

▶ ▶ ▶ ▶

凤凰高新教育◎编著

北京大学出版社
PEKING UNIVERSITY PRESS

图书在版编目(CIP)数据

中文版Illustrator CC基础教程 / 凤凰高新教育编著. — 北京：北京大学出版社，2016.12
ISBN 978-7-301-27620-4

Ⅰ.①中… Ⅱ.①凤… Ⅲ.①图形软件—教材 Ⅳ.①TP391.41

中国版本图书馆CIP数据核字(2016)第235006号

内容提要

　　Illustrator CC 是优秀的矢量图形处理软件，广泛应用于插画绘制、广告设计等领域。Illustrator CC 不仅传承了前期版本的优秀功能，还增加了许多非常实用的新功能。

　　本书以案例为引导，系统全面地讲解了 Illustrator CC 图形处理与设计的相关功能及技能应用，内容包括 Illustrator CC 基础知识，Illustrator CC 入门操作，几何图形的绘制方法，绘图工具的应用和编辑，填充颜色和图案，管理对象的基本方法，特殊编辑与混合效果，文字效果的应用，图层和蒙版的应用，效果、样式和滤镜的应用，符号和图表的应用，Web 设计、打印和任务自动化等。本书第 13 章为商业案例实训，通过该章内容的学习，可以提高读者 Illustrator CC 图形处理与设计的综合实战技能。

　　全书内容安排由浅入深，语言通俗易懂，实例题材丰富多样，操作步骤的介绍清晰准确。特别适合计算机培训学校作为相关专业的教材，同时也适合作为广大 Illustrator 初学者、设计爱好者的学习参考书。

书　　　名	中文版Illustrator CC基础教程	
	ZHONGWEN BAN Illustrator CC JICHU JIAOCHENG	
著作责任者	凤凰高新教育　编著	
责 任 编 辑	尹　毅	
标 准 书 号	ISBN 978-7-301-27620-4	
出 版 发 行	北京大学出版社	
地　　　址	北京市海淀区成府路205 号　　100871	
网　　　址	http://www.pup.cn　　　新浪微博:＠北京大学出版社	
电 子 信 箱	pup7＠pup.cn	
电　　　话	邮购部010-62752015　　发行部010-62750672　　编辑部010-62570390	
印 刷 者	河北滦县鑫华书刊印刷厂	
经 销 者	新华书店	
	787毫米×1092毫米　　16开本　　22.5印张　　460千字	
	2016年12月第1 版　　2023年1月第12次印刷	
印　　　数	29001-32000册	
定　　　价	49.00元	

Illustrator CC 是优秀的矢量图形处理软件，广泛应用于插画绘制、广告设计等领域。最新的 Illustrator CC 版本，不仅传承了前期版本的优秀功能，还增加了许多非常实用的新功能。

本书内容介绍

本书以案例为引导，系统全面地讲解了 Illustrator CC 图形处理与设计的相关功能及技能应用。内容包括Illustrator CC 基础知识，Illustrator CC 入门操作，几何图形的绘制方法，绘图工具的应用和编辑，填充颜色和图案，管理对象的基本方法，特殊编辑与混合效果，文字效果的应用，图层和蒙版的应用，效果、样式和滤镜的应用，符号和图表的应用，Web 设计、打印和任务自动化等。本书第 13 章为商业案例实训，通过该章内容的学习，可以提高读者的 Illustrator CC 图形处理与设计的综合实战技能。

本书内容共分 13 章，具体内容如下。

第 1 章　Illustrator CC 基础知识

第 2 章　Illustrator CC 入门操作

第 3 章　几何图形的绘制方法

第 4 章　绘图工具的应用和编辑

第 5 章　填充颜色和图案

第 6 章　管理对象的基本方法

第 7 章　特殊编辑与混合效果

第 8 章　文字效果的应用

第 9 章　图层和蒙版的应用

第 10 章　效果、样式和滤镜的应用

第 11 章　符号和图表的应用

第 12 章　Web 设计、打印和任务自动化

第 13 章　商业案例实训

附录 A　Illustrator CC 工具与快捷键索引

附录 B　Illustrator CC 命令与快捷键索引

附录 C　下载、安装和卸载 Illustrator CC

附录 D　综合上机实训题

本书特色

（1）全书内容安排由浅入深，语言通俗易懂，实例题材丰富多样，操作步骤的介绍清晰准确。特别适合计算机培训学校作为相关专业的教材。同时也适合作为广大 Illustrator 初学者、设计爱好者的学习参考用书。

（2）内容全面，轻松易学。本书内容详实，系统全面。在写作方式上，采用"步骤讲述＋配图说明"的方式进行编写，操作简单明了，浅显易懂。图书配有下载资源，包括本书中所有案例的素材文件与最终效果文件，同时还配有与书中内容同步讲解的多媒体教学视频，让读者轻松学会 Illustrator CC 的图形处理与设计。

（3）案例丰富，实用性强。全书共有 20 个"课堂范例"，帮助初学者认识和掌握相关工具、命令的实战应用；35 个"课堂问答"，帮助初学者排解学习过程的疑难问题；12 个"上机实战"和 12 个"同步训练"的综合实例，提升初学者的实战技能水平；并且每章后面都有"知识能力测试"的习题。认真完成这些测试习题，可以帮助初学者巩固所学的知识（提示：相关习题答案在下载资源中）。

本书知识结构图

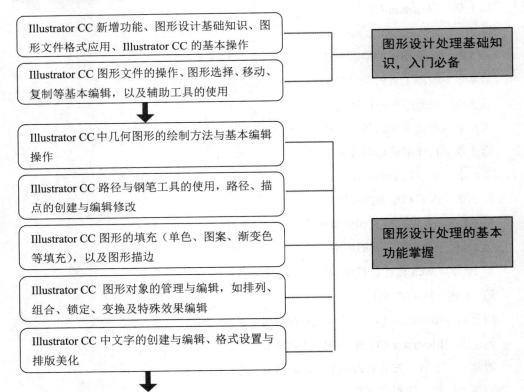

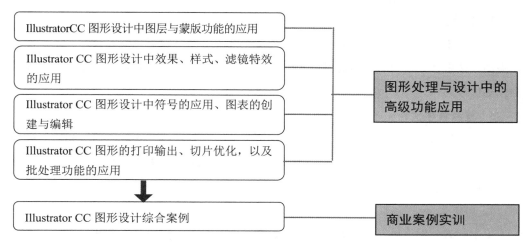

教学课时安排

本书综合了 Illustrator CC 软件的功能应用，现给出本书教学的参考课时（共 65 个课时），主要包括教师讲授 38 课时和学生上机实训 27 课时两部分，具体如下表所示。

章节内容	课时分配	
	教师讲授	学生上机实训
第 1 章　Illustrator CC 基础知识	2	0
第 2 章　Illustrator CC 入门操作	2	2
第 3 章　几何图形的绘制方法	3	2
第 4 章　绘图工具的应用和编辑	3	2
第 5 章　填充颜色和图案	4	2
第 6 章　管理对象的基本方法	3	2
第 7 章　特殊编辑与混合效果	4	3
第 8 章　文字效果的应用	2	1
第 9 章　图层和蒙版的应用	3	2
第 10 章　效果、样式和滤镜的应用	4	4
第 11 章　符号和图表的应用	2	1
第 12 章　Web 设计、打印和任务自动化	1	1
第 13 章　商业案例实训	5	5
合　　计	38	27

下载资源说明

本书附赠下载资源，具体内容如下。

1．素材文件

指本书中所有章节实例的素材文件。全部收录在下载资源中的"素材文件"文件夹中。读者在学习时，可以参考图书讲解内容，打开对应的素材文件进行同步操作练习。

2．结果文件

指本书中所有章节实例的最终效果文件。全部收录在下载资源中的"结果文件"文件夹中。读者在学习时，可以打开结果文件，查看其实例效果，为自己在学习中的练习操作提供帮助。

3．视频教学文件

本书为读者提供了长达 170 分钟的与书同步的视频教程。读者可以通过相关的视频播放软件（Windows Media Player、暴风影音等）打开每章中的视频文件进行学习。并且有语音讲解，非常适合无基础读者学习。

4．PPT 课件

本书为教师们提供了非常方便的 PPT 教学课件，以方便教师教学使用。

5．习题答案

下载资源中的"习题答案汇总"文件，主要为教师及学生提供了每章后面的"知识能力测试"习题的参考答案，还包括本书最后的"知识与能力总复习题"的参考答案。

6．其他赠送资源

本书为了提高读者对软件的实际应用能力，综合整理了"设计软件在不同行业中的学习指导"，方便读者结合其他软件灵活掌握设计技巧、学以致用。同时，本书还赠送《高效能人士效率倍增手册》，帮助读者提高工作效率。

温馨提示

请用微信扫描下方二维码，关注微信公众号，在对话框中输入代码 Nt91B5M，获取学习资源的下载地址及密码。

创作者说

在本书的编写过程中，我们竭尽所能地为您呈现最好、最全的实用功能，但仍难免有疏漏和不妥之处，敬请广大读者不吝指正。若您在学习过程中产生疑问或有任何建议，可以通过 E-mail 与我们联系。

投稿信箱：pup7@pup.cn

读者信箱：2751801073@qq.com

CONTENTS 目 录

第1章
Illustrator CC 基础知识

本章导读

  Illustrator CC 是一款用于绘制矢量图形的软件，广泛应用于插画绘制、广告设计等领域。本章将对 Illustrator CC 的基础知识进行讲解，包括 Illustrator CC 的新增功能、Illustrator CC 的工作界面等内容。

学习目标

- 了解 Illustrator CC 的基础
- 了解矢量图和位置图
- 了解图像颜色模式和存储格式
- 熟悉 Illustrator CC 工作界面
- 熟悉 Illustrator CC 首选项参数的设置

初识 Illustrator CC

Illustrator CC 是优秀的矢量图形处理软件，在最新 Illustrator CC 版本中，不仅传承了前期版本的优秀功能，还增加了许多非常实用的新功能。

1.1.1 了解 Illustrator CC

Illustrator CC 2015 经历了从内到外的重建，处理复杂文件时速度更快、更加直观，而且具有坚如磐石的稳定性。现在用户创建和编辑图案的效率可提高 75%。

1.1.2 Illustrator CC 的新增功能

Illustrator CC 新增了许多实用功能，包括修饰文字工具、自由变换工具、多文件置入、自动生成边角图案等。下面介绍一些常用新增功能。

1．【新增功能】对话框

启动 Illustrator CC 时，弹出【新增功能】对话框，在【对话框】中包括部分新功能的说明和相关视频。单击视频缩览图，即可播放视频。

2．修饰文字工具

【修饰文字工具】可以单独编辑每个字符，进行移动、旋转和缩放操作。这种处理方式，使文本的编辑进行灵活，如图 1-1 所示。

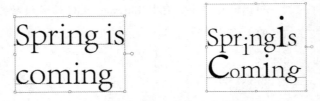

图 1-1　文字块和单独编辑每个字符对比效果

3．自由变换工具

使用【自由变换工具】变换图形时，会显示一个类似工具箱的控件，其中包括可以变换的操作，例如，透视扭曲和自由扭曲等，如图 1-2 所示。

4．多文件置入

执行【文件】→【置入】命令，可以同时导入多个文件，导入时可以预览文件的效果、定义文件置入的位置和范围。

5．自动生成边角图案

Illustrator CC 可以创建图案画笔。例如，旧版本要想得到完美的边角拼贴效果，操作非常复杂，在新版本中，可以自动生成，并且边角与描边可以完美匹配，如图1-3所示。

图 1-2　自由变换对象

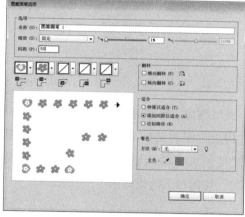

图 1-3　创建图案画笔

6. 包含位图的画笔

定义艺术、图案和散点画笔时，可以包含位图，还可以调整图像的形状，以得到更加完美的衔接效果。

1.2　矢量图和位图

在计算机绘图设计领域中，图像基本上可分为位图和矢量图两类，位图与矢量图各有优缺点，下面将分别进行介绍。

1.2.1　矢量图

矢量图也称为向量图，可以对其进行任意大小缩放，而不会出现失真现象。矢量图像的形状更容易修改和控制，但是色彩层次不如位图丰富和真实。常用的矢量绘制软件有 Adobe Illustrator、CorelDRAW、FreeHand、Flash 等。矢量图放大效果如图 1-4 所示。

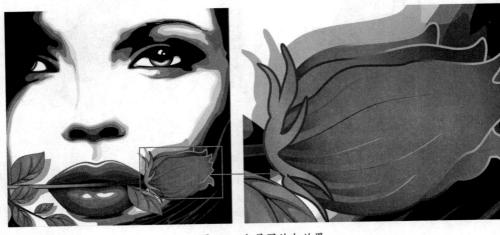

图 1-4　矢量图放大效果

1.2.2　位图

　　位图也称为点阵图、栅格图像、像素图，简单地说，就是由像素点构成的图，对位图过度放大就会失真。构成位图的最小单位是像素点，位图就是由像素阵列的排列来实现其显示效果的，常见的位图编辑软件有 Photoshop、Painter、Fireworks、Ulead PhotoImpact、光影魔术手等。位图放大效果如图 1-5 所示。

图 1-5　位图放大效果

1.2.3　图像分辨率

　　图像分辨率和图像大小之间有着密切的关系。图像分辨率越高，所包含的像素越多，也就是图像的信息量就越大，因而文件也就越大。通常文件的大小是以 MB（兆字节）

为单位的。一般情况下，一个幅面为 A4 大小的 RGB 模式的图像，若分辨率为 300ppi（像素 / 英寸），则文件大小约为 20MB。

图像的颜色模式和存储格式

颜色模型是定义颜色值的方法，不同的颜色模式使用特定的数值定义颜色；存储格式就是将对象存储于文件中时所用的记录格式。

1.3.1 Illustrator CC 常用颜色模式

颜色模式是一种用来确定显示和打印电子图像色彩的模式。常见颜色模式包括 RGB 颜色模式、CMYK 颜色模式、Lab 颜色模式等，下面以 RGB 和 CMYK 颜色模式为例进行介绍。

1. RGB 颜色模式

RGB 颜色模式通过光的三原色红、绿、蓝进行混合产生丰富的颜色。绝大多数可视光谱都可表示为红、绿、蓝三色光在不同比例和强度上的混合。原色红、绿、蓝之间若发生混合，则会生成青、洋红和黄色。

RGB 颜色也被称为"加色模式"，因为通过将 R、G 和 B 混合在一起可产生白色。"加色模式"用于照明光、电视和计算机显示器。例如，显示器通过红色、绿色和蓝色荧光粉发射光线产生颜色，如图 1-6 所示。

2. CMYK 颜色模式

CMYK 颜色模式的应用基础是纸张上打印和印刷油墨的光吸收特性。当白色光线照射到透明的油墨上时，将吸收一部分光谱。没有吸收的颜色反射回人的眼睛。

混合青、洋红和黄色可以产生黑色，或通过三色相减产生所有颜色，因此，CMYK 颜色模式也称为"减色模式"。因为青、洋红和黄色不能混合出高密度的黑色，所以加入黑色油墨以实现更好的印刷效果。将青、洋红、黄色、黑色油墨混合重现颜色的过程称为四色印刷，如图 1-7 所示。

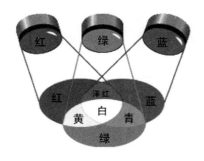

图 1-6　RGB 颜色模式

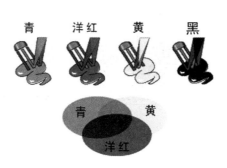

图 1-7　CMYK 颜色模式

1.3.2 Illustrator CC 常用存储格式

为了便于文件的编辑和输出，需要将设计作品以一定的格式存储在计算机中。下面介绍两种常见的矢量文件存储格式。

1．AI 格式

AI 是 Illustrator 的默认图形文件格式，使用 CorelDRAW、Illustrator、FreeHand、Flash 等软件都可以打开进行编辑。在 Photoshop 软件中可以作为智能对象打开，如果在 Photoshop 软件中使用传统方式打开，系统会将其转换为位图。

2．EPS 格式

EPS 文件虽然采用矢量格式记录文件信息，但是也可包含位图图像，而且将所有像素信息整体以像素文件的记录方式进行保存。而对于针对像素图像的组版剪裁和输出控制信息，如轮廓曲线的参数、加网参数和网点形状，图像和色块的颜色设备等，将用 PostScript 语言方式另行保存。

1.4 Illustrator CC 的工作界面

在 Illustrator CC 中进行图形绘制，主要是通过工具、命令和面板选项来进行的，所以学习绘图操作之前，必须熟悉它的工作界面，启动 Illustrator CC 软件后，工作界面如图 1-8 所示。

图 1-8　　Illustrator CC 工作界面

❶ 菜单栏	包含可以执行的各种命令，单击菜单名称即可打开相应的菜单
❷ 工具选项栏	用来设置工具的各种选项，它会随着所选工具的不同而变换内容
❸ 工具箱	包含用于执行各种操作的工具，如创建选区、移动图形、绘画、文字等
❹ 图像窗口	显示和编辑图像的区域
❺ 状态栏	可以显示文档大小、文档尺寸、当前工具和窗口缩放比例等信息
❻ 浮动面板	可以帮助用户编辑图像。有的用来设置编辑内容，有的用来设置颜色属性

1.4.1　菜单栏

菜单栏位于标题栏下方，包括 9 组菜单命令。执行菜单命令时，单击相应的菜单，在弹出的子菜单中选择相应的命令即可，如图 1-9 所示。

图 1-9　菜单栏

在菜单栏左侧还显示了 AI 软件名称，一些扩展命令按钮，在右上方包括【最小化】、【向下还原】、【关闭】按钮。

技 能 拓 展

如果菜单命令为浅灰色，表示该命令目前处于不能选择状态。如果菜单命令右侧有 ▶ 标记，表示该命令下还包含子菜单。如果菜单命令后有"…"标记，则表示选择该命令可以打开对话框，如果菜单命令右侧有字母组合，则表示该命令的键盘快捷键。

1.4.2　工具选项栏

在工具选项栏中，Illustrator CC 会根据用户选中的当前对象，列出相应的设置选项，以方便快速对当前对象进行属性设置或修改，【文字工具】 T 选项栏如图 1-10 所示。

图 1-10　【文字工具】 T 选项栏

1.4.3　工具箱

在工具箱中，集成了 Illustrator CC 中常用的绘图工具按钮，移动鼠标到工具按钮上，短暂停留后，系统将显示此工具的名称，执行【窗口】→【工具】命令可以显示和关闭工具箱。

在工具按钮右下方有三角按钮的位置，按下鼠标左键，短暂停留后，可以显示此工具组的所有工具，移动鼠标指针到需要选择的工具上，释放鼠标后即可选择相应工具，如图 1-11 所示。

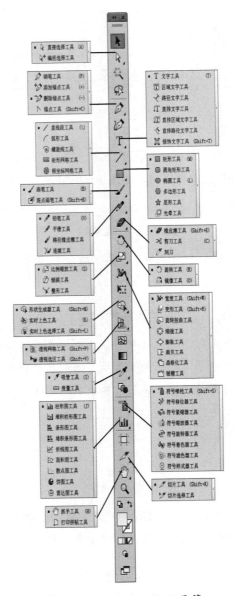

图 1-11　Illustrator CC 工具箱

1.4.4　图像窗口

在绘图区域中，可以绘制并调整文件内容，需要注意的是，如果进行文件打印或印刷输出时，只有将图形放置在相应的画板内才能被正确输出。

1.4.5　状态栏

状态栏位于工作界面的底部，用于显示当前文件页面缩放比例和页面标识等信息，如果是多画板文件，还将显示出画板导航内容，用户可以快速设置页面缩放，并选择需要的画板，如图 1-12 所示。

图 1-12　状态栏

1.4.6　浮动面板

浮动面板将某一方面的功能选项集成在一个面板中，方便用户对常用选项的设置。例如，【渐变】面板如图 1-13 所示，【图层】面板如图 1-14 所示。Illustrator CC 中多数浮动面板都可以在【窗口】菜单中进行显示或关闭。单击面板右上角的 ▼≣ 扩展按扭，可以打开面板快捷菜单，如图 1-15 所示。

图 1-13　【渐变】面板

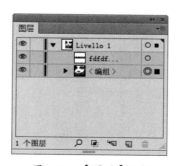

图 1-14　【图层】面板

图 1-15　面板快捷菜单

1.5 Illustrator CC 首选项参数的设置

设置首选项参数可以指示用户希望 Illustrator CC 如何工作，包括工具、显示、标尺单位、用户界面和增效工具等设置，下面介绍一些常用的首选项参数的设置。

1.5.1 【常规】选项

执行【编辑】→【首选项】→【常规】命令或者按【Ctrl+K】组合键，弹出【首选项】对话框，如图 1-16 所示。

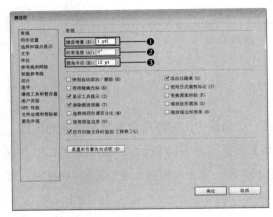

❶ 键盘增量	在其文本框中输入数值表示通过键盘上的方向键移动图形的距离
❷ 约束角度	在其文本框中输入数值设置页面坐标的角度，默认值为 0°，表示页面保持水平垂直状态
❸ 圆角半径	在其文本框中输入数值设置圆角矩形的默认圆角半径

图 1-16 【常规】选项

1.5.2 【文字】选项

在【首选项】对话框中，选择【文字】选项，在该选项中，可以设置文字的相关参数，如图 1-17 所示。

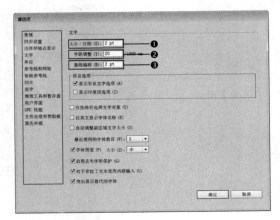

❶ 大小 / 行距	在其文本框中输入数值可以设置文字的默认行距
❷ 字距调整	在其文本框中输入数值可以设置文字的默认字距
❸ 基线偏移	在其文本框中输入数值可以设置基线的默认位置

图 1-17 【文字】选项

1.5.3　【单位】选项

在【首选项】对话框中，选择【单位】选项，在该选项中，可以设置单位的相关参数，如图 1-18 所示。

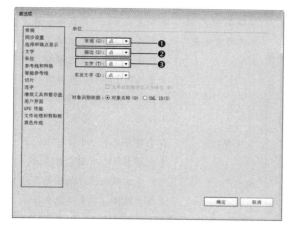

❶ 常规	在其下拉列表框中，可以设置标尺的度量单位，默认为"点"
❷ 描边	在其下拉列表框中，可以设置描边宽度的单位
❸ 文字	在其下拉列表框中，可以设置文字的度量单位

图 1-18　【单位】选项

> **温馨提示**
>
> Illustrator CC 中默认度量单位是点（pt），1pt=0.3528mm，用户可以根据需要更改 Illustrator CC 用于常规度量、描边和文字的单位。

1.5.4　【参考线和网格】选项

在【首选项】对话框中，选择【参考线和网格】选项，在该选项中，可以设置参考线和网格的相关参数，如图 1-19 所示。

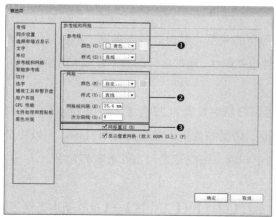

❶ 参考线	在【参考线】栏中，可以设置参考线的颜色、样式等属性
❷ 网格	在【网格】栏中，可以设置网格的颜色、样式、网格线间隔等参数
❸ 网格置后	勾选【网格置后】复选框后，用户设置的网格坐标格将位于文件最后面

图 1-19　【参考线和网格】选项

1.5.5 【增效工具和暂存盘】选项

在【首选项】对话框中，选择【增效工具和暂存盘】选项，在该选项中，可以设置增效工具和暂存盘的相关参数，如图 1-20 所示。

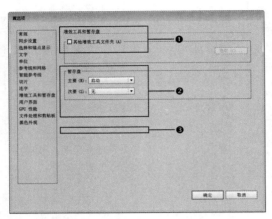

❶ 其他增效工具文件夹	通常情况下，软件安装后会自动定义好相应的【增效工具】文件夹，勾选此复选框后，单击【选取】按钮，在弹出的对话框中可以重新选择增效工具文件夹
❷ 暂存盘	在【暂存盘】栏中，可以设置【主要】和【次要】暂存盘，用户应该根据系统的硬盘存储量进行选择，尽量不要选择系统盘作为暂存盘，以免影响运行速度

图 1-20 【增效工具和暂存盘】选项

课堂问答

通过本章内容的讲解，读者对 Illustrator CC 和图像基础知识有了一定的了解，下面列出一些常见的问题供学习参考。

问题❶：如何显示与隐藏面板？

答：按键盘上的【Tab】键，可以显示或隐藏工具选项栏、工具箱和所有浮动面板。按【Shift+Tab】组合键，可以显示或隐藏浮动面板。

问题❷：像素是什么？

答：图像分辨率和图像大小之间有着密切的关系。图像分辨率越高，所包含的像素越多，也就是图像的信息量就越大，因而文件也就越大。通常文件的大小是以 MB（兆字节）为单位的。

如果图像用于屏幕显示或者网络，可以将分辨率设置为 72 像素 / 英寸（ppi），这样可以减小文件的大小，提高传输和下载速度；如果图像用于喷墨打印机打印，可以将分辨率设置为 100 ～ 150 像素 / 英寸；如果用于印刷，则应设置为 300 像素 / 英寸。

问题❸：如何恢复默认面板位置？

答：如果当前工作区为"基本功能"区，执行【窗口】→【工作区】→【重置基本工作区】命令，可以恢复默认基本功能区面板位置。其他工作区的操作方法相似。

上机实战——启动 Illustrator CC 并设置暂存盘

通过本章内容的学习，为了让读者能巩固本章知识点，下面讲解一个技能综合案例，使读者对本章的知识有更深入的了解。

效果展示

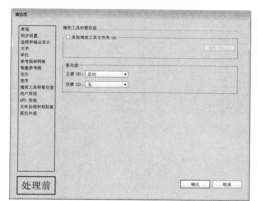
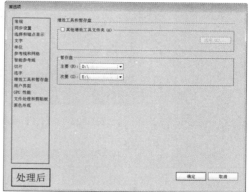

思路分析

使用 Illustrator CC 进行图形绘制，首先要启动 Illustrator CC 软件。合理设置暂存盘，可以提高软件工作效率。下面介绍如何启动 Illustrator CC 并设置暂存盘。

本例首先启动 Illustrator CC 软件，接下来设置系统暂存盘，退出 Illustrator CC 应用程序后，再次启动程序完成设置。

制作步骤

步骤 01　安装 Illustrator CC 程序后，单击 Windows 窗口中的 Illustrator CC 图标，启动过程会出现启动界面，如图 1-21 所示。

步骤 02　程序启动完成后，将进入 Illustrator CC 工作界面，在弹出的【新增功能】界面中，单击【完成】按钮，如图 1-22 所示。

图 1-21　启动界面

图 1-22　【新增功能】界面

步骤03 执行【编辑】→【首选项】→【增效工具和暂存盘】命令，如图 1-23 所示；弹出【首选项】对话框，如图 1-24 所示。

图 1-23 执行【增效工具和暂存盘】命令

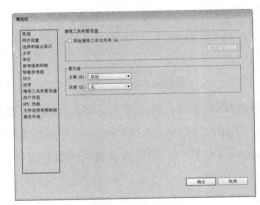

图 1-24 【首选项】对话框

步骤04 在【暂存盘】栏中，单击【主要】下拉列表按钮，在打开的列表框中选择 D 盘，如图 1-25 所示；单击【次要】下拉列表按钮，在打开的列表框中选择 E 盘，如图 1-26 所示。

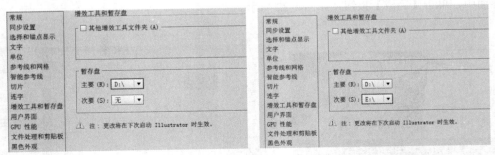

图 1-25 设置主要暂存盘　　　　　　图 1-26 设置次要暂存盘

步骤05 执行【文件】→【退出】命令或者单击窗口右上角的关闭按钮 ✕ ，退出 Illustrator CC 程序。

步骤 06 再次启动 Illustrator CC 程序后，执行【编辑】→【首选项】→【增效工具和暂存盘】命令，打开【首选项】对话框，可以看到主要暂存盘被设置为 D 盘，次要暂存盘被设置为 E 盘。

同步训练——更改操作界面的亮度值

通过上机实战案例的学习，为了增强读者动手能力，下面安排一个同步训练案例，让读者达到举一反三、触类旁通的学习效果。

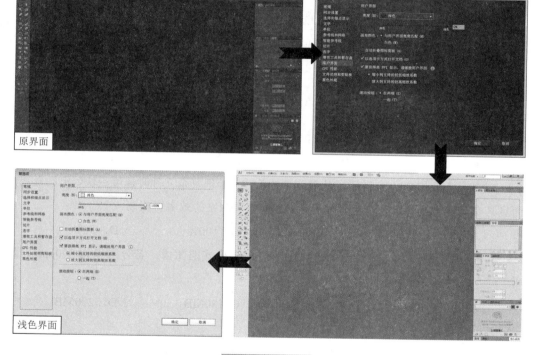

原界面

浅色界面

思路分析

首次启动 Illustrator CC 时，操作界面是黑色的，如果环境光偏暗，纯黑界面会引起眼睛疲劳。在这样的情况下，可以更改操作界面的亮度值。

本例首先打开【首选项】对话框，然后更改操作界面的亮度值，得到更加舒适的工作环境。

关键步骤

步骤 01 启动 Illustrator CC，进入 Illustrator CC 工作界面，首次启动时，Illustrator CC 默认为纯黑界面。

> **步骤 02** 执行【编辑】→【首选项】→【用户界面】命令，打开【首选项】对话框，在【用户界面】栏中，更改【亮度】为浅色，单击【确定】按钮。

> **步骤 03** 通过前面的操作，Illustrator CC 工作界面变为浅灰色。

📝 知识能力测试

本章讲解了 Illustrator CC 基础知识，为对知识进行巩固和考核，布置相应的练习题。

一、填空题

1. AI 是 Illustrator 的默认图形文件格式，使用_____、_____、_____、_____等软件都可以打开进行编辑。

2. 在计算机绘图设计领域中，图像基本上可分为_____和_____两类，它们各有优缺点，用户应根据需要进行选择。

3. RGB 颜色也被称为"加色模式"，因为通过将_____、_____和_____混合在一起可产生白色。

二、选择题

1. 在常用图像文件格式中，（　　）文件格式采用有损压缩方式，具有较好的压缩效果。但是会损失掉图像的某些细节。

　　A．AI　　　　　　B．JPG　　　　　　C．PSD　　　　　　D．TIF

2. Illustrator CC 2015 经历了从内到外的重建，处理复杂文件时速度更快、更加直观，而且具有坚如磐石的稳定性。现在用户创建和编辑图案的效率可提高（　　）。

　　A．75%　　　　　B．50%　　　　　　C．100%　　　　　D．30%

3、一般情况下，一个幅面为 A4 大小的 RGB 模式的图像，若分辨率为 300ppi（像素／英寸），则文件大小约为（　　）。

　　A．1000MB　　　B．20MB　　　　　C．80MB　　　　　D．200MB

三、简答题

1. 什么是矢量图，它和位图的主要区别是什么？

2. EPS 文件格式可以存储哪些文件内容？

第 2 章
Illustrator CC 入门操作

本章导读

在绘图之前，会用到一些基本的文件操作方法，如文件和页面管理、视图控制、铺助工具的应用等。

本章将具体介绍 Illustrator CC 的文件操作、对象操作、视图及页面辅助工具等知识。

学习目标

- 熟练掌握基础文件操作
- 熟练掌握选择工具的使用方法
- 熟练掌握图形移动和复制的方法
- 熟练掌握设置显示状态的方法
- 熟练掌握页面辅助工具的使用方法

基础文件操作

基础文件操作包括新建文件、打开、保存及置入等，学好这些知识，可以为以后的深入学习打下一个良好的基础。

2.1.1 新建空白文件

启动 Illustrator CC 后，执行【文件】→【新建】命令，或者按【Ctrl+N】组合键，可以打开【新建文档】对话框，在该对话框中可以设置与新文件相关的选项，完成设置后，单击【确定】按钮，即可新建一个空白文件，如图 2-1 所示。

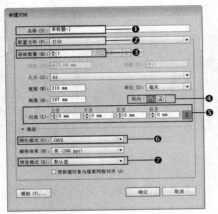

❶ 名称	为新建空白文件命名
❷ 配置文件	用于决定文档的默认配置文件
❸ 画板数量	设置新建文件中画板的数量
❹ 取向	设置绘图页面的显示方向
❺ 出血	制作印刷品时，文件四周的出血范围
❻ 颜色模式	在下拉列表框中，包括 CMYK 和 RGB 两种颜色模式
❼ 栅格效果	设置为栅格图形添加特效时的效果分辨率

图 2-1 【新建文档】对话框

2.1.2 从模板新建

Illustrator CC 为用户准备了大量实用的模板文件，通过模板文件可以快速创建专业领域的文件模板，执行【文件】→【从模板新建】命令即可。

2.1.3 打开目标文件

在 Illustrator CC 中，打开目标文件的方法与其他应用程序相同，具体操作方法如下。

步骤 01 执行【文件】→【打开】命令或者按【Ctrl+O】组合键，弹出【打开】对话框，在【查找范围】下拉列表框中，选择目标文件夹，在列出的文件中选择需要打开的文件，完成设置后，单击【打开】按钮，如图 2-2 所示。

步骤 02 通过前面的操作，打开目标文件 2-1.eps，如图 2-3 所示。

图 2-2　【打开】对话框

图 2-3　打开目标文件

技能拓展

按【Ctrl+O】组合键，弹出【打开】对话框。在选择文件时，按住【Shift】键单击目标文件，可以选择多个连续文件；按住【Ctrl】键单击，可以选择不连续的文件。

2.1.4　存储文件

文件进行编辑和修改后，必须保存才能与其他用户进行共享，所以在制作完成设计作品，文件的保存显得非常重要，下面介绍几种常用文件的保存方式。

1．【存储】命令

使用【存储】命令存储文件的具体操作方法如下。

步骤 01　执行【文件】→【存储】命令或者按【Ctrl+S】组合键，弹出【存储为】对话框，在【查找范围】下拉列表框中选择存储文件的路径，在【保存类型】下拉列表框中选择需要保存的类型，在【文件名】文本框中输入文件名称，完成设置后，单击【保存】按钮，如图 2-4 所示。

步骤 02　弹出【Illustrator 选项】对话框，设置需要存储文件的版本、字体和其他参数，单击【确定】按钮即可完成文件存储，如图 2-5 所示。

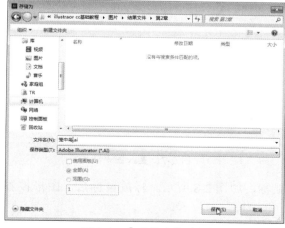

图 2-4　【存储为】对话框

图 2-5　【Illustrator 选项】对话框

2. 【存储为】命令

执行【文件】→【存储为】命令或者按【Shift+Ctrl+S】组合键，会弹出【存储为】对话框，【存储为】命令和【存储】命令的区别在于，【存储为】命令可以不覆盖原始文件，而将修改文件另存为一个副本文件。

3. 【存储为模板】命令

执行【文件】→【存储为模板】命令，弹出【存储为】对话框，在对话框中选择存储模板的位置，并设置文件名和保存类型，完成设置后，单击【确定】按钮，即可将文件存储为模板文件。

2.1.5 关闭文件

保存文件后，如果不再使用当前文件，就可以暂时关闭它，已节约内存空间，提高工作效率。执行【文件】→【关闭】命令或者按【Ctrl+W】组合键，即可关闭当前文件。

2.1.6 置入／导出文件

Illustrator CC 允许用户置入其他格式的文件，置入文件后，还可通过【链接】面板选择和更新链接文件；用户还可以通过执行【导出】命令将文件以其他格式和名称进行保存。

课堂范例——置入和导出图形文件

步骤 01 执行【文件】→【置入】命令，弹出【置入】对话框，在【查找范围】下拉列表框中选择需要置入文件的位置，选中文件后，单击【置入】按钮，如图 2-6 所示。

步骤 02 鼠标指针变为置入图形状态，如图 2-7 所示。

图 2-6 【置入】对话框　　　　图 2-7 置入图形状态

步骤 03 在文档窗口中拖动鼠标，如图 2-8 所示。释放鼠标后，图形被置入 Illustrator CC 中，如图 2-9 所示。

图 2-8　拖动鼠标

图 2-9　置入图形

步骤 04　完成图形编辑后，执行【文件】→【导出】命令，弹出【导出】对话框，在【保存在】下拉列表框中选择导出文件的存储路径，在【保存类型】后的下拉列表框中选择导出文件格式为 JPEG，在【文件名】文本框中输入导出文件的名称，完成设置后，单击【导出】按钮，如图 2-10 所示。

步骤 05　在【JPEG 选项】对话框，使用默认参数，单击【确定】按钮，如图 2-11 所示。

图 2-10　【导出】对话框

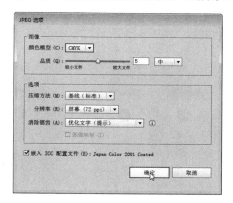

图 2-11　【JPEG 选项】对话框

温馨提示
　　【置入】命令是将外部文件添加到当前图像编辑窗口中，不会单独出现窗口；而【打开】命令所打开的文件单独位于一个独立的窗口中。

2.2　选择工具的使用

在绘图过程中，需要选择图形进行编辑。Illustrator CC 提供了多种选择工具，下面分别进行讲述。

2.2.1　选择工具

【选择工具】可以快速选中整个路径或图形。在选择对象时，可以通过单击的方法来进行选中，如图 2-12 所示；也可以使用鼠标拖动形成矩形框的方法选中对象，如图 2-13 所示。

图 2-12　单击选中图形　　　　　　　　图 2-13　拖动选中图形

2.2.2　直接选择工具

【直接选择工具】可以通过单击或框选方法快速选择编辑对象中的任意一个图形、路径中的任意一个锚点或某个路径上的线段，例如，选择锚点如图 2-14 所示。选择并拖动线段，如图 2-15 所示。

图 2-14　选择锚点　　　　　　　　　　图 2-15　选择并拖动线段

2.2.3　编组选择工具

编组是选择多个图形后，将它们编入一个组中。使用【编组选择工具】可以选择群组中的任意图形对象。

2.2.4　魔棒工具

【魔棒工具】可以选择图形中具有相同属性的对象，如描边颜色、不透明度和混合模式等属性。

步骤 01　打开下载资源（书中所提到的"素材文件"和"结果文件"均在网盘下

载资源中）"素材文件\第2章\山峰.ai"，如图2-16所示。双击【魔棒工具】✨，弹出【魔棒】面板，勾选【填充颜色】复选框，设置【容差】为"20"，如图2-17所示。

技能拓展

使用【魔棒工具】✨选择图形时，按住【Shift】键单击可以加选图形；按住【Alt】键单击可以减选图形。

图 2-16　打开素材

图 2-17　【魔棒】面板

步骤 02　使用【魔棒工具】✨在白色图形上单击，如图2-18所示。通过前面的操作，选中图形中所有白色图形，如图2-19所示。

图 2-18　单击一个白色图形

图 2-19　选中所有白色图形

2.2.5　套索工具

【套索工具】🔾用于选择锚点、路径和整体图形。该工具可以拖动出自由形状的选区，如图2-20所示；只要与拖动选框有接触的图形都会被选中，如图2-21所示，特别适合于选择复制图形。

图 2-20 拖动鼠标

图 2-21 选中目标图形

2.2.6 使用菜单命令选择图形

　　选择对象后，执行【选择】→【相同】命令，在出现的下拉菜单中选择命令，可以选择与所选对象具有相同属性的其他图形。

2.3 图形移动和复制

　　完成对象绘制后，可以根据需要移动、复制对象，用户可以通过多种方法移动和复制图形对象。

2.3.1 移动对象

　　选中对象后，拖动鼠标左键，即可移动相应图形对象。用户还可以精确移动对象，具体操作方法如下。

　　 打开"素材文件\第2章\女孩.ai"，使用【选择工具】 选中图形，如图2-22所示。

　　步骤02 双击【选择工具】 ，或执行【对象】→【变换】→【移动】命令，打开【移动】对话框，勾选【预览】复选框，设置参数值，单击【确定】按钮，如图2-23所示。

　　步骤03 通过前面的操作，移动图形位置，效果如图2-24所示。

图 2-22　选择图形

图 2-23　【移动】对话框

图 2-24　移动图形

在【移动】对话框中，常用的参数作用如图 2-25 所示。

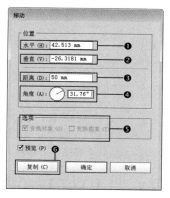

❶ 水平	指定对象在水平方面的移动距离，正值向右，负值向左移动
❷ 垂直	指定对象在垂直方面的移动距离，正值向下，负值向上移动
❸ 距离	显示要移动的距离大小
❹ 角度	显示移动的角度
❺ 选项	勾选【变换对象】复选项，表示变换图形；勾选【变换图案】复选项，表示变换图形中的图案填充。
❻ 复制	单击该按钮，将按所选参数复制出一个移动图形。

图 2-25　【移动】对话框中的参数作用

2.3.2　复制对象

当需要创建相似对象时，可以通过复制的方法，除了在【移动】对话框中，单击【复制】按钮外，还可以通过以下方式进行操作。

方法一：选择对象后，执行【编辑】→【复制】命令或按【Ctrl+C】组合键复制对象，按【Ctrl+V】组合键粘贴对象即可；执行【编辑】→【粘在前面】命令或按【Ctrl+F】组合键可以将复制对象粘贴到原对象的上面，执行【编辑】→【粘在后面】命令或按【Ctrl+B】组合键可以将复制对象粘贴到原对象的下面。

方法二：选择对象，按住【Alt+Shift】组合键拖动鼠标，可以水平或者垂直复制对象。按【Ctrl+D】组合键，可以相同的属性重复复制对象。

选择对象后，按键盘上的【↑】键、【↓】键、【←】键、【→】键，可将对象移动一个点的距离。如果同时按住【Shift】键，则可以将对象移动 10 个点的距离。

按住【Alt】键拖动对象，鼠标指针会变为▶形状，释放鼠标后，可以快速复制对象。

课堂范例——为树木添加红果装饰

步骤 01 打开"素材文件\第2章\树木.ai"，如图2-26所示。使用【选择工具】▶选中对象，如图2-27所示。

步骤 02 双击【选择工具】▶，弹出【移动】对话框，设置【距离】为"30"，【角度】为"50°"，单击【复制】按钮，如图2-28所示。

图 2-26 打开素材　　　　图 2-27 选中对象　　　　图 2-28 【移动】对话框

步骤 03 通过前面的操作，复制对象，效果如图2-29所示。按【Ctrl+D】组合键3次，以相同的属性重复复制对象，如图2-30所示。

步骤 04 选择【魔棒工具】🪄，在红色对象上单击，选中所有红色对象，效果如图2-31所示。

图 2-29 复制对象效果　　图 2-30 重复复制对象效果　　图 2-31 选中对象后的效果

步骤 05 切换到【选择工具】▶，按住【Alt】键，拖动复制对象，如图2-32所示。释放鼠标后，得到复制对象，如图2-33所示。使用相同的方法继续复制对象，效果如图2-34所示。

图 2-32　拖动对象　　　　图 2-33　复制对象　　　　图 2-34　继续复制对象

步骤 06　单击其他位置取消选择，如图 2-35 所示。继续选择单个对象，按住【Alt】键拖动进行复制，覆盖右上角的空白区域，效果如图 2-36 所示。选择多余的对象，按【Delete】键删除，并进行细节调整，最终效果如图 2-37 所示。

图 2-35　取消选择　　　　图 2-36　复制对象　　　　图 2-37　删除多余对象

2.4　设置显示状态

在绘制图形时，需要放大或缩小窗口的显示比例，移动显示区域，这样，可以帮助用户更加精确地进行编辑。Illustrator CC 提供了多种视图控制方式，下面分别进行介绍。

2.4.1　切换屏幕模式

为了方便用户绘图与查看，Illustrator CC 为用户提供了多种屏幕显示模式。单击工具箱底部的【更改屏幕模式】按钮，在打开的下拉列表框中，提供了以下 3 种命令用于切换屏幕模式。

1．正常屏幕模式

该模式是默认的屏幕模式。它可以完整地显示菜单栏、浮动面板、工具栏、滚动条等，在这种屏幕模式下，文档窗口以最大化的形式显示，如图 2-38 所示。

2．带有菜单栏的全屏模式

在这种模式下，只显示菜单栏、工具箱和浮动面板，文档窗口将以最大化的形式显示。这样有利于更大空间地查看和编辑图形，如图 2-39 所示。

图 2-38　正常屏幕模式

图 2-39　带有菜单栏的全屏模式

3．全屏模式

全屏模式显示没有标题栏和菜单栏，只有滚动条的全屏窗口，以屏幕最大区域显示图形，如图 2-40 所示。将鼠标移到屏幕边缘，会自动滑出工具箱或浮动面板，如图 2-41 所示。

图 2-40　全屏模式

图 2-41　滑出浮动面板

按下【F】键可在各个屏幕模式之间切换。

2.4.2　改变显示模式

在 Illustrator CC 中，对象有 4 种显示模式，包括预览、轮廓、叠印预览和像素预览。下面分别进行介绍。

1．预览

该模式是默认模式，但并不出现在【视图】菜单中，在此模式下，能够显示图形对象的颜色、阴影和细节等，将以最接近打印后的效果来显示对象，如图 2-42 所示。

2．轮廓

【轮廓】只显示图形的轮廓线，没有颜色显示，在该显示状态下制图，使屏幕刷新时间减短，大大节约了绘图时间。执行【视图】→【轮廓】命令或按【Ctrl+Y】组合键，可以将图形作为轮廓查看，如图 2-43 所示。

图 2-42　预览模式

图 2-43　轮廓模式

3．叠印预览

【叠印预览】显示叠印或挖空后的实际印刷效果。以防止出现设置错误。执行【视图】→【叠印预览】命令或按【Shift+Ctrl+Y】组合键，可以将图形作为叠印预览查看。

4．像素预览

【像素预览】是以位图的形式显示图形。执行【视图】→【像素预览】命令或按【Alt+Ctrl+Y】组合键，可以将图形作为像素预览查看。

2.4.3　改变显示大小和位置

使用【缩放工具】🔍 和【抓手工具】✋可以进行缩小和放大视图，并移动视图的位置，下面分别进行介绍。

1．缩放工具

将【缩放工具】🔍 移动到图形上，单击鼠标可以放大视图，按住【Alt】键单击鼠标可以缩小视图。如果想查看一定范围内的对象，可以单击并拖动鼠标，拖出一个选框，如图 2-44 所示。释放鼠标后，选框内的对象就会被放大，如图 2-45 所示。

图 2-44　拖动鼠标

图 2-45　放大视图

技 能 拓 展

双击工具箱中的【缩放工具】按钮🔍，可以将图形以 100% 的比例显示。

2. 抓手工具

当窗口不能显示完整图形时，使用【抓手工具】✋可以调整图形的视图位置，选择【抓手工具】✋，拖动鼠标到目标位置即可。原视图如图 2-46 所示，移动视图如图 2-47 所示。

图 2-46　原视图

图 2-47　移动视图

技 能 拓 展

在使用大部分其他工具时，按住键盘上的【Space】键都可以暂时切换为【抓手工具】✋。

2.5　创建画板

画板和画布是用于绘图的区域。画板内部的图形将被打印，画板外部的图形称为画布，位于画布上的图形不会被打印，下面介绍如何创建画板。

2.5.1　画板工具

使用【画板工具】□可以创建画板、调整画板大小和移动画板。【画板工具】□选项栏的常用参数作用如图 2-48 所示。

图 2-48 【画板工具】□ 选项栏

❶ 预设	指定画板尺寸，这些预设为指定输出设置了对应的像素长宽比
❷ 方向	指定画板方向
❸ 新建画板	选中该按钮，在绘图区域单击，将以当前参数创建画板
❹ 画板名称	设置画板名称
❺ 移动／复制带画板的图稿	选中该按钮，可以移动画板和画板中的图形；按住【Alt】键单击并拖动一个画板，即可复制画板和画板中的图形
❻ 显示中心标记	选中该按钮，在画板中心显示一个中心标记，用于定位对象
❼ 显示十字线	选中该按钮，显示通过画板每条边中心的十字线，用于定位对象
❽ 显示视频安全区域	选中该按钮，可显示参考线，用户能够查看的所有文本和图形都应放在安全区域内
❾ 画板选项	单击该按钮，打开【画板选项】对话框，在对话框中可以设置参考标记和画板大小
❿ 参考点	选择参考点，可以设置移动画板时的参考位置
⓫ X、Y 值	根据 Illustrator CC 工作区标尺来定义画板位置
⓬ 宽、高度值	用于设置画板大小

选择【画板工具】□，在绘图区域移动，如图 2-49 所示，释放鼠标后，即可创建一个新画板，如图 2-50 所示。

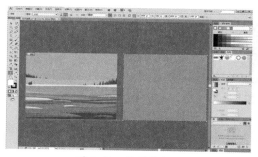

图 2-49 拖动鼠标

图 2-50 创建新画板

2.5.2 【画板】和【重新排列画板】对话框

使用【画板】面板可以添加和删除画板、重新调整画板顺序，还可以更改画板名称等，执行【窗口】→【画板】命令，即可打开【画板】面板，如图 2-51 所示。

执行【对象】→【画板】→【重新排列】命令，即可打开【重新排列画板】对话框，在该对话框中可以选择画板的布局方式，如图 2-52 所示。

图 2-51　【画板】面板　　　　　图 2-52　【重新排列画板】对话框

2.6 使用页面辅助工具

在图像绘制过程中，通过网格、参数线等辅助工具，可以快速、准确地组织和调整图像对象，使操作变得更加简单和精确。

2.6.1 标尺

标尺可以帮助用户在窗口中精确地移动对象，以及测量距离。执行【视图】→【标尺】→【显示标尺】命令或按【Ctrl+R】组合键，窗口顶部和左侧会显示标尺，如图 2-53 所示。

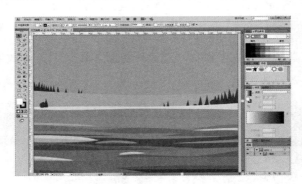

图 2-53　显示标尺

2.6.2 参考线

参考线可以帮助用户对齐文本和图形对象。显示标尺后，移动鼠标到标尺上，单击并拖动鼠标，便可快速创建参考线，如图 2-54 所示。

执行【视图】→【参考线】命令，在展开的子菜单中，可以选择相应命令隐藏、锁定、释放和清除参考线。

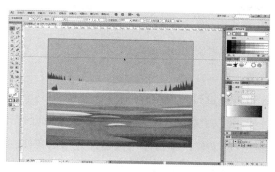

图 2-54　创建参考线

2.6.3 智能参考线

执行【视图】→【智能参考线】命令或按【Ctrl+U】组合键，可以开启智能参考线功能，在图形的移动、调整或转换过程中，系统将自动寻找路径、交叉点和图形位置。

2.6.4 对齐点

执行【视图】→【对齐点】命令，可以启用点对齐功能，此后移动对象时，可将其对齐到锚点和参考线上。

2.6.5 网格工具

网格是一系列交叉的虚线或点，可以用于在绘图窗口中精确地对齐和定位对象，执行【视图】→【显示网格】命令或按【Ctrl+"】组合键，可以快速显示网格，如图 2-55 所示。

2.6.6 度量工具

【度量工具】　可以测量任意两点之间的距离，选择【度量工具】　后，拖动鼠标即可，测量结果会显示在【信息】面板中，如图 2-56 所示。

图 2-55　显示网格

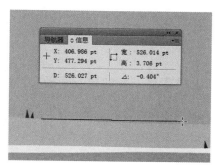

图 2-56　测量距离

课堂问答

通过本章内容的讲解，读者对 Illustrator CC 基本操作有了一定的了解，下面列出一些常见的问题供学习参考。

问题 ❶：如何快速打开最近打开过的文件？

答：若要打开最近使用过的文件，执行【文件】→【最近打开的文件】命令，在滑出的子菜单中选择需要打开的文件，单击即可快速打开指定文件。

问题 ❷：如何全选、反选和重新选择图形？

答：执行【选择】→【全部】命令，可以选择文件中所有画板上的全部对象。执行【选择】→【现用画板上的全部对象】命令，可以选择当前画板上的全部对象。

选择对象后，执行【选择】→【取消选择】命令，或在画板空白处单击，可以取消选择。取消选择后，如果要恢复上一次的选择，可以执行【选择】→【重新选择】命令。

选择对象后，执行【选择】→【反向】命令，可以取消原有对象的选择，而选择所有未被选中的对象。

问题 ❸：如何使用透明度网格？

答：透明度网格可以帮助查看图形中包含的透明区域。原效果如图 2-57 所示，执行【视图】→【显示透明度网格】命令，显示透明度网格。通过透明度网格可以清晰地观察图形的透明效果，如图 2-58 所示。

图 2-57　原效果

图 2-58　显示透明度网格

上机实战——创建双画板文件

通过本章内容的学习，为了让读者能巩固本章知识点，下面讲解一个技能综合案例，使读者对本章的知识有更深入的了解。

效果展示

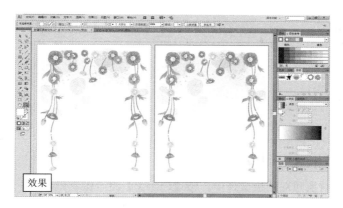

效果

思路分析

双画板文件可以在一个文件中制作多个设计图形，放置在不同的画板中，方便对文件进行管理。

本例首先创建多画板文件，接下来置入图形文件，复制图形，放置在不同的画板中，调整画板大小后放大视图，完成制作。

制作步骤

步骤 01　执行【文件】→【新建】命令，在打开的【新建文档】对话框中，设置【名称】为"多画板文件"，【画板数量】为"2"，单击【确定】按钮，如图 2-59 所示。

步骤 02　通过前面的操作，创建包括两个画板的文件，如图 2-60 所示。

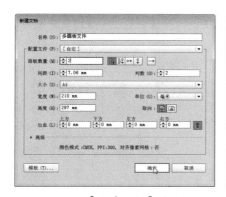

图 2-59　【新建文档】对话框

图 2-60　多画板文件

步骤 03　执行【文件】→【打开】命令，在【查找范围】下拉列表框中，选择下载资源中的素材文件夹的"第 2 章"文件夹，在出现的文件列表中，选择"花边 .ai"，单击【打开】按钮，如图 2-61 所示。选择【选择工具】，单击选中花边图形，按【Ctrl+C】组合键复制图形，如图 2-62 所示。

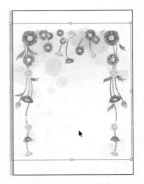

图 2-61　【打开】对话框　　　　　　　　图 2-62　选择复制图形

步骤 04　切换回双画板文件中，按【Ctrl+V】组合键粘贴图形，如图 2-63 所示。执行【视图】→【智能参考线】命令，启用智能参考线功能，组合到左侧适当位置，自动吸附到左侧边缘，如图 2-64 所示。

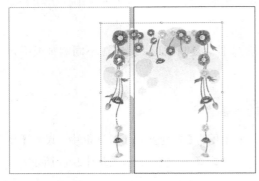

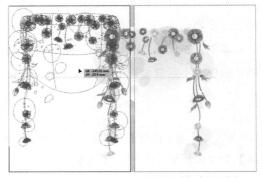

图 2-63　粘贴图形　　　　　　　　　　图 2-64　移动图形

步骤 05　按住【Alt】键，拖动复制图形，如图 2-65 所示。释放鼠标后，得到复制图形，如图 2-66 所示。

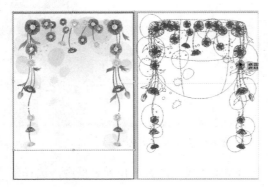

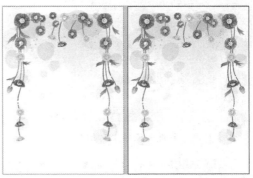

图 2-65　拖动图形　　　　　　　　　　图 2-66　复制图形

步骤 06 选择【画板工具】□，在选项栏中，设置【参考点】为中上方，设置【高】为"260mm"，如图 2-67 所示。

图 2-67 设置选项

步骤 07 通过前面的操作，更改"画板 1"的高度，如图 2-68 所示。在【状态栏】的【画板导航】下拉列表框中，选择"2"，选中"画板 2"，如图 2-69 所示。

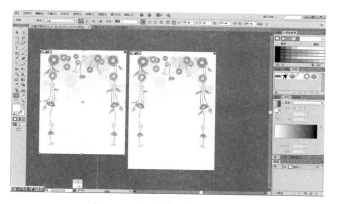

图 2-68 更改"画板 1"高度

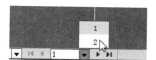

图 2-69 选中"画板 2"

步骤 08 使用相同的方法更改"画板 2"的高度，如图 2-70 所示。选择【缩放工具】🔍，在画板位置拖动，放大视图观察效果，如图 2-71 所示。

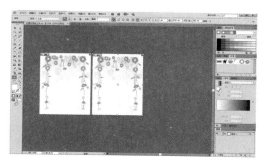

图 2-70 更改"画板 2"高度

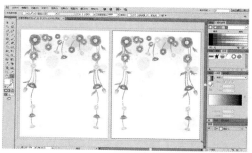

图 2-71 放大视图

🌐 同步训练——创建模板文件

通过上机实战案例的学习，为了增强读者动手能力，下面安排一个同步训练案例，让读者达到举一反三、触类旁通的学习效果。

图解训练

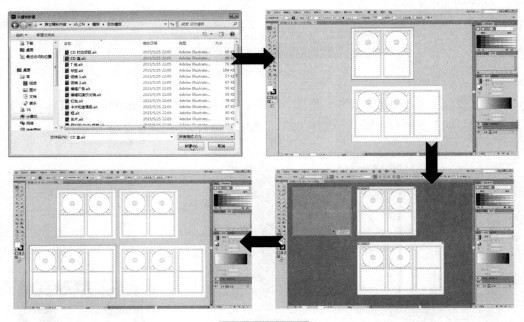

思路分析

使用模板文件可以根据需要，快速创建常用的商业模板文件，如红包、名片、横幅广告等，该操作可以简化工作步骤，提高工作效果。

本例首先使用【从模板新建】命令创建模板文件，接下来复制画板和图稿，最后平移视图完成操作。

关键步骤

步骤 01　启动 Illustrator CC，进入 Illustrator CC 工作界面，执行【文件】→【从模板新建】命令，在【空白模板】文件夹中，选择"CD 盒"，单击【新建】按钮。

步骤 02　通过前面的操作，系统自建 CD 盒模板文件。选择【画板文件】，在选项栏中，单击【移动 / 复制带画板的图稿】按钮 ⊕。

步骤 03　按住【Alt】键，拖动上方的画板到左侧，释放鼠标后，复制画板和画板内的图稿。

步骤 04　按住【Alt】键，拖动下方的画板到左侧，释放鼠标后，复制画板和画板内的图稿。

步骤 05　选择【抓手工具】 🖐，移动视图，显示所有画板。

知识能力测试

本章讲解了 Illustrator CC 基本操作，为对知识进行巩固和考核，布置相应的练习题。

一、填空题

1．在 Illustrator CC 中，对象有 4 种显示模式，包括＿＿＿＿、＿＿＿＿、＿＿＿＿和＿＿＿＿。

2．【魔棒工具】 可以选择图形中具有相同属性的对象，如＿＿＿＿＿＿、＿＿＿＿＿＿和＿＿＿＿等属性。

3．【套索工具】 用于选择＿＿＿＿、＿＿＿＿和＿＿＿＿。该工具可以拖动出自由形状的选区，只要与拖动选框有接触的图形都会被选中。

二、选择题

1．（　　）模式是默认模式，但并不出现在【视图】菜单中，在此模式下，能够显示图形对象的颜色、阴影和细节等，将以最接近打印后的效果来显示对象。

    A．叠印预览   B．预览   C．像素预览   D．轮廓

2．保存文件后，如果不再使用当前文件，就可以暂时关闭它，已节约内存空间，提高工作效率。执行【文件】→【关闭】命令或者按（　　）组合键，即可关闭当前文件。

    A．【Ctrl+W】   B．【Ctrl+A】   C．【Alt+W】   D．【Ctrl+M】

3．（　　）可以快速选中整个路径或图形。在选择对象时，可以通过单击的方法来进行选择；也可以使用鼠标拖动形成矩形框的方法选择对象。

    A．【直接选择工具】   B．【魔棒工具】

    C．【编组选择工具】   D．【选择工具】

三、简答题

1．参考线和智能参考线有什么区别？

2．【存储】和【存储为】命令有什么区别？

CC
ILLUSTRATOR

第3章
几何图形的绘制方法

本章导读

几何图形是由点、线、面组合而成的。任何复杂的几何图形，都可以分解为点、线、面的组合。

本章将详细介绍如何使用 Illustrator CC 图形工具绘制基本几何图形，如直线、曲线、螺旋线、矩形网格、矩形、椭圆、圆角矩形、多边形工具、星形工具及光晕的绘制。

学习目标

- 熟练掌握线条绘图工具的使用
- 熟练掌握基本绘图工具的使用

3.1　线条绘图工具的使用

线条分为直线段、弧线及各种由线条组合的各种图形，用户可以根据要求选择不同的线条工具，进行各种线条的绘制。

3.1.1　直线段工具

【直线段工具】 可以绘制各种方向的直线。选择该工具后，将鼠标指针定位至线段的起始位置，单击并拖曳线段至线段终止位置即可。

如果要创建固定长度和角度的线段，可在面板中单击，打开【直线段工具选项】对话框，如图 3-1 所示。绘制的线段如图 3-2 所示。

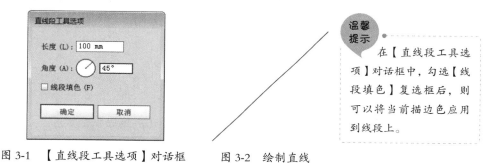

温馨提示

在【直线段工具选项】对话框中，勾选【线段填色】复选框后，则可以将当前描边色应用到线段上。

图 3-1　【直线段工具选项】对话框　　图 3-2　绘制直线

3.1.2　弧线工具

【弧线工具】 可以绘制弧线。选择该工具后，将鼠标指针定位于弧线起始位置，单击并拖曳鼠标至弧线结束位置即可。

如果要创建更为精确的弧线，可在画板中单击，打开【弧线段工具选项】对话框，如图 3-3 所示。弧线绘制效果如图 3-4 所示。

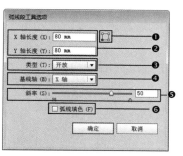

❶ 参考点定位器	设置绘制弧线时的参考点
❷ X 轴长度 / Y 轴长度	设置弧线的长度和高度
❸ 类型	选择"开放"，创建开放式弧线；选择"闭合"，创建闭合式弧线
❹ 基线轴	选择"X 轴"，可沿水平方向绘制；选择"Y 轴"，沿垂直方向绘制
❺ 斜率	设置弧线的倾斜方向
❻ 弧线填色	用当前填充颜色为弧线闭合的区域填色

图 3-3　【弧线段工具选项】对话框

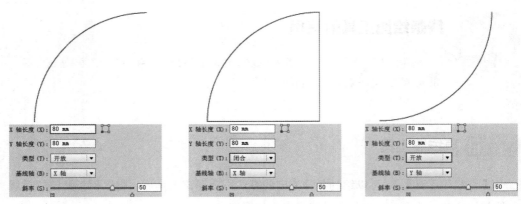

图 3-4　弧线绘制效果

3.1.3　螺旋线工具

【螺旋线工具】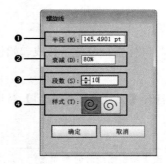 可以绘制螺旋线。选择该工具后，单击并拖曳鼠标即可。

如果要创建更为精确的螺旋线，可在画板中单击，打开【螺旋线】对话框，如图 3-5
所示。螺旋线绘制效果如图 3-6 所示。

❶ 半径	设置从中心到螺旋线最外侧点的距离
❷ 衰减	设置螺旋线每一圈相对于上一圈减少的量。该值越小，螺旋的间距越小
❸ 段数	设置螺旋线路径段的数量
❹ 样式	设置螺旋线的方向

图 3-5　【螺旋线】对话框

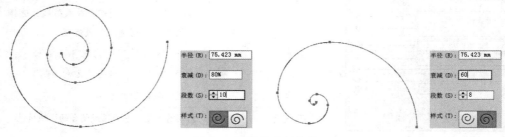

图 3-6　螺旋线绘制效果

拖动【螺旋线工具】 绘制螺旋线时，按住鼠标可以旋转螺旋线；按下【R】键，可以调整螺旋线的方向；按住【Ctrl】键可调整螺旋线的紧密程度；按下【↑】键可增加螺旋线，按下【↓】键则减少螺旋线。

3.1.4　矩形网格工具

拖动【矩形网格工具】 可以快速绘制矩形网格，如果要绘制精确网格，选择该工具，在画板中单击，打开【矩形网格工具选项】对话框，如图 3-7 所示。矩形网格绘制效果如图 3-8 所示。

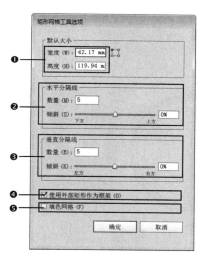

❶ 宽度 / 高度	设置矩形网格的宽度和高度
❷ 水平分隔线	在【数量】文本框中输入在网格上下之间出现的水平分隔数目 【倾斜】用来设置水平分隔向上方或下方的偏移量
❸ 垂直分隔线	在【数量】文本框中输入在网格左右之间出现的垂直分隔数目 【倾斜】用来设置垂直分隔向左或右方的偏移量
❹ 使用外部矩形作为框架	选择该复选框后，将以单独的矩形对象替换顶、底、左和右侧线段
❺ 填色网格	勾选该复选框后，将使用描边颜色填充网格线

图 3-7　【矩形网格工具】对话框

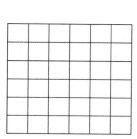 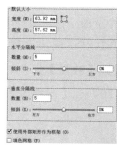 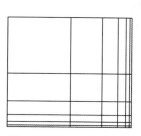 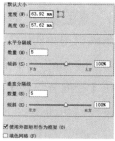

图 3-8　矩形网格绘制效果

3.1.5　极坐标网格工具

拖动【极坐标网格工具】 可以快速绘制极坐标，如果要绘制精确极坐标，选择该工具，在画板中单击，打开【极坐标网格工具选项】对话框，如图 3-9 所示。极坐标绘制效果如图 3-10 所示。

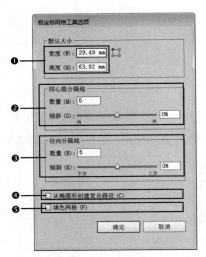

❶	宽度 / 高度		设置极坐标网格的宽度和高度
❷	同心圆分隔线		在【数量】文本框中输入在网格中出现的同心圆分隔数目。在【倾斜】文本框中输入向内或向外偏移的数值
❸	径向分隔线		在【数量】文本框中输入在网格圆心和圆围之间出现的径向分隔线数目。在【倾斜】文本框中输入向内或向外偏移的数值
❹	从椭圆形创建复合路径		根据椭圆形建立复合路径，可以将同心圆转换为单独复合路径，且每隔一个圆就填色
❺	填色网格		勾选该复选框后，将使用当前描边填充网格

图 3-9 【极坐标网格工具选项】对话框

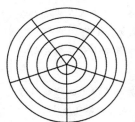 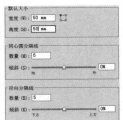  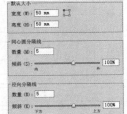

图 3-10 极坐标绘制效果

课堂范例——绘制一朵小花

步骤 01 按【Ctrl+N】组合键，新建一个空白文件。选择【极坐标网格工具】，在画板中单击，打开【极坐标网格工具选项】对话框，设置【宽度】和【高度】均为 "80mm"，在【同心圆分隔线】栏中，设置【数量】为 "0"、【倾斜】为 "0%"，在【径向分隔线】栏中，设置【数量】为 "20"、【倾斜】为 "0%"，单击【确定】按钮，如图 3-11 所示。

步骤 02 通过前面的操作，创建圆状图形，如图 3-12 所示。

步骤 03 执行【滤镜】→【扭曲和变换】→【波纹效果】命令，设置【大小】为 "2mm"、【每段的隆起数】为 "4"、【点】为平滑，单击【确定】按钮，如图 3-13 所示。通过前面的操作，得到波纹图形效果，如图 3-14 所示。

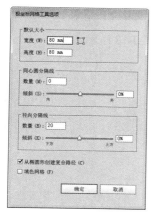

图 3-11 【极坐标网格选项】对话框

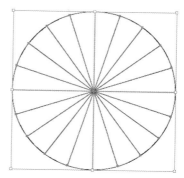

图 3-12 绘制圆状图形

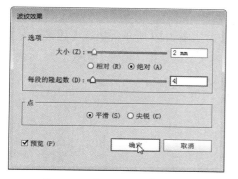

图 3-13 【波纹效果】对话框

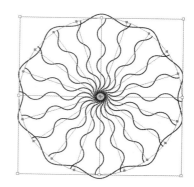

图 3-14 波纹图形效果

步骤 04 选择【弧形工具】 ，在画板中单击，打开【弧线段工具选项】对话框，设置【X 轴长度】为"60mm"、【Y 轴长度】为"50mm"、【类型】为"开放"、【基线轴】为"X 轴"、【斜率】为"50"，单击【确定】按钮，如图 3-15 所示。

步骤 05 在画板中拖动鼠标绘制弧形图形。在弧线末端单击，继续绘制另一条弧线，如图 3-16 所示。

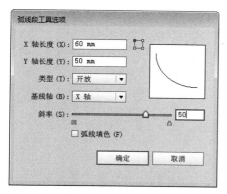

图 3-15 【弧线段工具选项】对话框

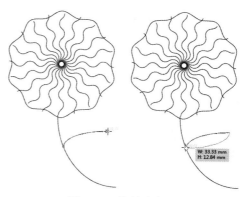

图 3-16 绘制弧线

步骤 06　继续在另一侧绘制两条弧线，作为左侧的叶片，如图 3-17 所示。选择【直线段工具】，在叶片内部拖动鼠标，绘制叶脉，如图 3-18 所示。

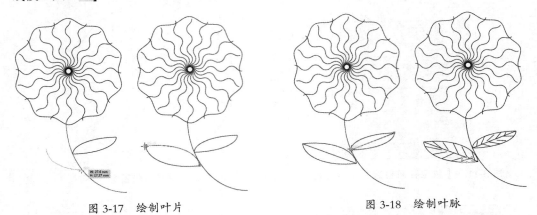

图 3-17　绘制叶片　　　　　　　　　　　　　　　图 3-18　绘制叶脉

步骤 07　使用【选择工具】选中所有图形，如图 3-19 所示。执行【效果】→【扭曲和变形】→【收缩和膨胀】命令，打开【收缩和膨胀】对话框，设置【膨胀】为"10%"，单击【确定】按钮，如图 3-20 所示。最终效果如图 3-21 所示。

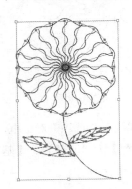

图 3-19　选择图形　　　　图 3-20　【收缩和膨胀】对话框　　　图 3-21　最终效果

3.2　基本绘图工具的使用

矩形、椭圆等都是几何图形中最基本的图形，绘制这些图形最快的方式是在工具箱中选择相应的绘图工具，在画板中拖动鼠标，即可完成图形绘制。

3.2.1　【矩形工具】的使用

【矩形工具】可以绘制长方形和正方形。如果要绘制精确的图形，可在画板中单击，打开【矩形】对话框，如图 3-22 所示。

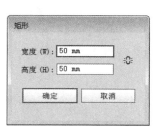

图 3-22　【矩形】对话框

3.2.2　【圆角矩形工具】的使用

　　【圆角矩形工具】▭可以绘制圆角矩形。如果要绘制精确的图形，可在画板中单击，打开【圆角矩形】对话框，如图 3-23 所示。

图 3-23　【圆角矩形】对话框

3.2.3　【椭圆工具】的使用

　　【椭圆工具】⬭可以绘制椭圆或正圆形。如果要绘制精确的图形，可在画板中单击，打开【椭圆】对话框，如图 3-24 所示。

3.2.4　【多边形工具】的使用

　　【多边形工具】⬡用于绘制多边形。如果要绘制精确的图形，可在画板中单击，打开【多边形】对话框，如图 3-25 所示。

图 3-24 【椭圆】对话框　图 3-25 【多边形】对话框

温馨提示

在绘制多边形的过程中，按【↑】键或【↓】键，可增加或减少多边形的边数；移动鼠标可以旋转多边形；按住【Shift】键操作可以锁定旋转角度。

3.2.5 【星形工具】的使用

【星形工具】⭐用于绘制星形。如果要绘制精确的图形，可在画板中单击，打开【星形】对话框，如图 3-26 所示。星形工具绘制效果如图 3-27 所示。

温馨提示

在绘制星形的过程中，按住【Shift】键可以把星形摆正；按住【Alt】键可以使每个角两侧的"肩线"在一条直线上；按住【Ctrl】键可以修改星形内部或外部的半径值；按【↑】键或【↓】键，可以增加或减少星形的角数。

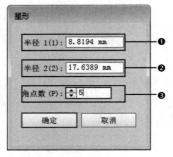

❶ 半径 1	设置从星形中心到星形最内点的距离
❷ 半径 2	设置从星形中心到星形最外点的距离
❸ 角点数	设置星形具有的点数

图 3-26 【星形】对话框

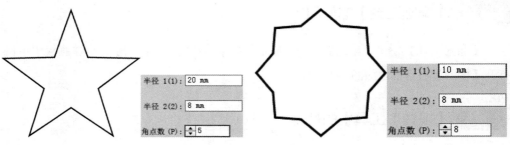

图 3-27 星形工具绘制效果

3.2.6 【光晕工具】的使用

【光晕工具】 ⊙ 用于绘制光晕。选择该工具后，如果要绘制精确的图形，可在画板中单击，打开【光晕工具选项】对话框，如图3-28所示。

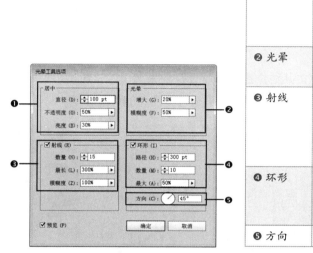

图3-28 【光晕工具选项】对话框

❶ 居中	【直径】用来设置光晕中心光环的大小；【不透明度】用来设置光晕中心光环的不透明度；【亮度】用来设置光晕中心光环的明亮程度
❷ 光晕	【增大】用来设置光晕的大小；【模糊度】用来设置光晕的羽化柔和程度
❸ 射线	勾选该复选框，可以设置光环周围的光线。【数量】用来设置射线的数目；【最长】用来设置射线的最长值；【模糊度】用来设置射线的羽化柔和程度
❹ 环形	【路径】设置尾部光环的偏移数值；【数量】设置光圈的数量；【最大】用来设置光圈的最大值
❺ 方向	设置光圈的方向

课堂范例——打造朦胧艺术感画面效果

步骤01 打开"素材文件\第3章\蝴蝶.jpg"，如图3-29所示。选择【光晕工具】 ⊙ ，在图像右侧拖动鼠标，如图3-30所示。

图3-29 素材图像

图3-30 拖动鼠标

步骤02 通过前面的操作，绘制出光晕效果，达到满意效果后释放鼠标，效果如图3-31所示。在左侧单击鼠标，确定光晕的方向，如图3-32所示。

图 3-31　绘制光晕

图 3-32　确定光晕方向

步骤 03　使用【选择工具】单击其他位置，隐藏路径，效果如图 3-33 所示，使用【选择工具】选中光晕，使用【光晕工具】选中末端手柄，如图 3-34 所示。

图 3-33　光晕效果

图 3-34　选择光晕末端手柄

步骤 04　按下【↑】键多次，增加光环数量，如图 3-35 所示。隐藏路径后，光晕效果如图 3-36 所示。

图 3-35　增加光环数量

图 3-36　光晕效果

步骤 05　在工具箱中，双击【填色】图标，如图 3-37 所示。打开【拾色器】对话框，单击左侧的黄色，单击【确定】按钮，如图 3-38 所示。通过前面的操作，设置【填充】为黄色，如图 3-39 所示。

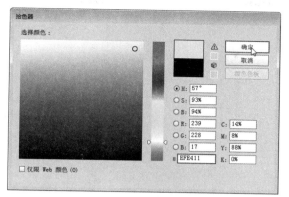

图 3-37 双击【填色】图标　　　图 3-38 【拾色器】对话框　　　图 3-39 设置填充

步骤 06 选择【星形工具】 ☆ ，在画板中单击，在弹出的【星形】对话框中，设置【半径 1】为 "3mm" 、【半径 2】为 "2mm" 、【角点数】为 "5" ，单击【确定】按钮，如图 3-40 所示。通过前面的操作，绘制星形对象，如图 3-41 所示。

图 3-40 【星形】对话框　　　　　　　图 3-41 绘制星形

步骤 07 继续拖动鼠标，绘制大小不一的星形对象，如图 3-42 所示。选择【矩形工具】 ▇ ，拖动鼠标绘制矩形，如图 3-43 所示。

图 3-42 绘制多个星形　　　　　　　图 3-43 绘制矩形

步骤 08 在选项栏中，设置【不透明度】为 "50%" ，如图 3-44 所示。通过前面的操作，最终效果如图 3-45 所示。

图 3-44 更改不透明度

图 3-45 最终效果

课堂问答

通过本章内容的讲解，读者对 Illustrator CC 几何图形绘制有了一定的了解，下面列出一些常见的问题供学习参考。

问题❶：光晕是什么？

答：光晕类似照片中镜头光晕的效果。它是由明亮的中心、光晕、射线及光环组合而成的，共有中央手柄、末端手柄、射线、光晕、光环 5 个部分组成，如图 3-46 所示。

射线

光晕

中央手柄

光环

末端手柄

图 3-46 光晕组成

> 温馨提示
>
> 在绘制光晕时，按【↑】键或【↓】键，可用来增加或减少光晕的射线数量。

问题❷：如何改变图形的绘图模式？

答：在 Illustrator CC 中绘制图形时，新图形默认放在原图形的上方。单击工具箱底部的绘制模式按钮，可以改变绘图模式，如图 3-47 所示。不同绘图模式效果对比如图 3-48 所示。

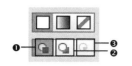

图 3-47　绘图模式

❶ 正常绘图	默认的绘图模式，新创建的对象总是位于最顶部，如图 3-48（a）所示
❷ 背面绘图	在所选对象的下方绘制对象，如图 3-48（b）所示
❸ 内部绘图	选择对象后，单击按钮，可在所选对象内部绘图，如图 3-48（c）所示

（a）正常绘图　　　　　　　（b）背面绘图　　　　　　　（c）内部绘图

图 3-48　绘图模式对比

问题 ❸：如何快速绘制多个几何图形？

答：在使用【矩形工具】■、【圆角矩形工具】■、【椭圆工具】●、【多边形工具】⬡ 和【星形工具】☆绘制图形时，按住【～】键、【Alt+ ～】组合键或【Shift+ ～】组合键，可以绘制出多个图形，如图 3-49 所示。

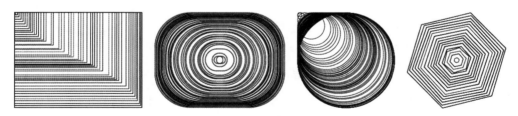

图 3-49　绘制多个图形

📷 上机实战——绘制抱着西瓜的熊猫

通过本章内容的学习，为了让读者能巩固本章知识点，下面讲解一个技能综合案例，使读者对本章的知识有更深入的了解。

效果展示

效果

思路分析

熊猫的外形和五官都很圆润，使用几何图形可以绘制出简单的熊猫外形，具体操作方法如下。

本例首先使用【椭圆工具】 ⬭ 绘制头部效果，并填充颜色；然后绘制身体和西瓜效果，最后绘制背景，增加画面的层次感，完成制作。

制作步骤

步骤 01　新建空白文档，选择【椭圆工具】 ⬭ ，在画板上拖动鼠标绘制图形，如图 3-50 所示。在工具箱中，单击【背面绘图】按钮 ，如图 3-51 所示。在左侧背面绘制两个重合的图形，选中最底层的图形，如图 3-52 所示。

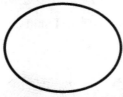

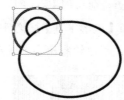

图 3-50　绘制图形　　　　　图 3-51　选择背面绘图　　　　　图 3-52　背面绘制图形

步骤 02　在工具箱中单击【填色】图标，如图 3-53 所示。在打开的【拾色器】对话框中，设置填色为黑色"#000000"，单击【确定】按钮，如图 3-54 所示。通过前面的操作，为图形填充黑色，如图 3-55 所示。

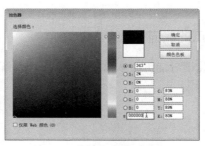

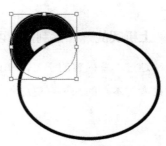

图 3-53　【填色】图标　　　图 3-54　【拾色器】对话框　　　图 3-55　填充黑色

步骤 03 选中左侧的图形，按住【Alt】键，拖动复制到右侧，如图 3-56 所示。单击工具箱中的【正常绘图】按钮🖳，如图 3-57 所示。使用【椭圆工具】⬭绘制图形，如图 3-58 所示。

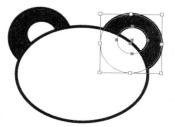

图 3-56 复制图形　　　　　图 3-57 正常绘图　　　　　图 3-58 绘制眼睛图形

步骤 04 使用【选择工具】▶选中图形，移动鼠标到转角处，当鼠标指针变为↰形状时，拖动鼠标适当旋转图形，如图 3-59 所示。

步骤 05 使用前面的方法设置【填色】为白色，并绘制白色眼球图形，如图 3-60 所示。

图 3-59 拖动图形

步骤 06 执行【效果】→【变形】→【拱形】命令，打开【变形选项】对话框，设置【弯曲】为"-40%"，单击【确定】按钮，如图 3-61 所示。

图 3-60 复制图形

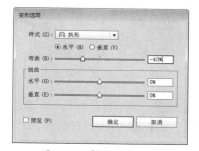

图 3-61 复制图形

步骤 07 通过前面的操作，得到变形效果，如图 3-62 所示。选中左侧眼睛，按住【Alt】键，拖动复制到右侧，如图 3-63 所示。

步骤 08 执行【对象】→【变换】→【对称】命令，在弹出的【镜像】对话框中，设置【轴】为"垂直"，单击【确定】按钮，如图 3-64 所示。

图 3-62 拱形效果　　　　　图 3-63 复制图形　　　　　图 3-64 【镜像】对话框

步骤 09　通过前面的操作，水平镜像图形，如图 3-65 所示。拖动【椭圆工具】⬭绘制鼻子图形，如图 3-66 所示。在选项栏的填充下拉列表框中，单击"无"，如图 3-67 所示。

图 3-65　水平镜像效果　　　图 3-66　绘制鼻子图形　　　图 3-67　设置填充为无

步骤 10　在选项栏的描边下拉列表框中，单击"黑色"，设置【描边粗细】为"0.5pt"，如图 3-68 所示。拖动【椭圆工具】⬭绘制嘴唇图形，如图 3-69 所示。

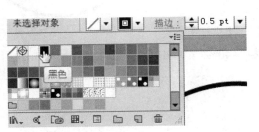

图 3-68　设置轮廓为黑色　　　　　　　　图 3-69　绘制嘴唇图形

步骤 11　使用前面的方法设置前景色为粉红色"#EE87B4"，如图 3-70 所示。拖动【椭圆工具】⬭绘制腮红图形，如图 3-71 所示。

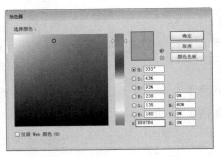

图 3-70　【拾色器】对话框　　　　　　　图 3-71　绘制腮红图形

步骤 12　按住【Alt】键，拖动复制腮红图形，如图 3-72 所示。在工具箱中，单击【背面绘图】按钮，设置【填色】为白色，【轮廓】为黑色，选择【圆角矩形工具】⬭，绘制身体图形，如图 3-73 所示。

步骤 13 设置【填色】为黑色,选择【圆角矩形工具】🔲,绘制四肢图形,如图 3-74 所示。

图 3-72 复制腮红图形

图 3-73 绘制身体图形

图 3-74 绘制四肢图形

步骤 14 调整元素,使身体比例更加协调,如图 3-75 所示。选择【椭圆工具】⬭,在选项栏中,设置【描边粗细】为"1pt",拖动鼠标绘制圆形,如图 3-76 所示。选择【多边形工具】⬡,在画板中单击,在弹出的【多边形】对话框中,设置【边数】为"6",单击【确定】按钮,如图 3-77 所示。

图 3-75 调整元素

图 3-76 绘制圆形

图 3-77 【多边形】对话框

步骤 15 在画板中绘制多边形,使用前面介绍的方法适当旋转角度,如图 3-78 所示。按住【Alt】键,拖动复制图形,如图 3-79 所示。选中整列图形,继续按住【Alt】键拖动复制图形,如图 3-80 所示。

图 3-78 绘制多边形

图 3-79 复制多边形

图 3-80 继续复制多边形

步骤 16 选中四角多余的多边形,按住【Delete】键删除图形,如图 3-81 所示。设置【填色】为黄绿色"#D7E03D",选择【星形工具】⭐,在画板中单击,弹出【星形】对话框，设置【半径1】为"8mm"，【半径2】为"6mm"，【角点数】为"20"，单击【确定】按钮，如图 3-82 所示。多边形效果如图 3-83 所示。

图 3-81　删除多余图形　　　图 3-82　【星形】对话框　　　图 3-83　绘制多边形

步骤17　使用【选择工具】选中星形，执行【对象】→【排列】→【置于底层】命令，效果如图 3-84 所示。移动鼠标指针到右上角，当鼠标指针变为形状时，按住【Alt+Shift】组合键，拖动放大图形，如图 3-85 所示。释放鼠标后，放大图形，最终效果如图 3-86所示。

图 3-84　置于底层　　　　　　　图 3-85　放大图形

图 3-86　最终效果

同步训练——绘制手机外观

　　通过上机实战案例的学习，为了增强读者动手能力，下面安排一个同步训练案例，让读者达到举一反三、触类旁通的学习效果。

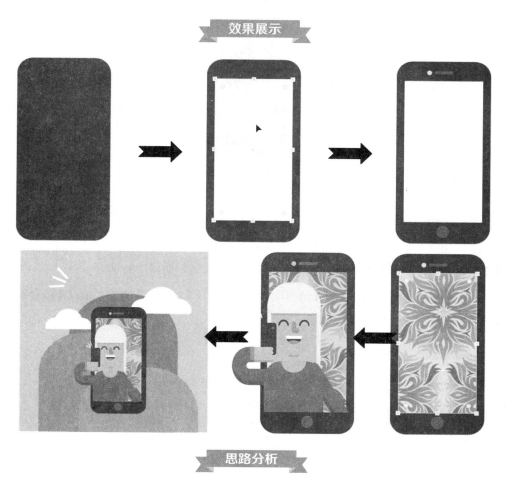

随着手机功能的完善，现代社会，它已成为人们不可或缺的交流工具，下面介绍如何绘制手机外观。

本例首先绘制手机轮廓，然后绘制手机上的按钮，最后添加屏幕图案和装饰效果，完成制作。

步骤 01　新建空白文件，选择【圆角矩形工具】，在画板中单击，在弹出的【圆角矩形】对话框中，设置【宽度】为"60mm"、【高度】为"120mm"、【圆角半径】为"10mm"，单击【确定】按钮，如图 3-87 所示。通过前面的操作，绘制圆角图形，如图 3-88 所示。

步骤 02　设置【填充】为白色，选择【矩形工具】，在画板中单击，在弹出的【矩形】对话框中，设置【宽度】为"50mm"、【高度】为"93mm"，单击【确定】按钮，如图 3-89 所示。

图 3-87 【圆角矩形】对话框　　图 3-88 绘制图形　　图 3-89 【矩形】对话框

步骤 03　通过前面的操作，绘制白色图形，如图 3-90 所示。

步骤 04　选择【椭圆工具】 ，在画板中单击，在弹出的【椭圆】对话框中，设置【宽度】和【高度】为"8mm"，单击【确定】按钮，如图 3-91 所示。

步骤 05　执行【窗口】→【透明度】命令，打开【透明度】面板，设置【混合模式】为"滤色"，如图 3-92 所示。

图 3-90 绘制白色图形　　图 3-91 【椭圆】对话框　　图 3-92 【透明度】面板

步骤 06　通过前面的操作，得到按钮的混合效果，如图 3-93 所示。

步骤 07　设置【填充】为青色"#8BF8FF"，选择【椭圆工具】 ，在画板中单击，在弹出的【椭圆】对话框中，设置【宽度】和【高度】均为"3mm"，单击【确定】按钮，如图 3-94 所示。绘制椭圆效果如图 3-95 所示。

图 3-93 透明效果　　图 3-94 【椭圆】对话框　　图 3-95 绘制图形

步骤 08　选择【圆角矩形工具】 ，在画板中单击，在弹出的【圆角矩形】对话框中，设置【宽度】为"12mm"、【高度】为"2mm"、【圆角半径】为"10mm"，单击【确定】按钮，如图3-96所示。

步骤09 使用【选择工具】选中绘制的对象，移动到适当位置，如图3-97所示。在【透明度】面板中，设置【混合模式】为"滤色"，如图3-98所示。

图3-96 【圆角矩形】对话框　　　图3-97 【椭圆】对话框　　　图3-98 【透明度】面板

步骤10 通过前面的操作，得到图形混合效果，如图3-99所示。使用【选择工具】选择白色图形，执行【窗口】→【图形样式】命令，打开【图形样式】面板，单击"Follaje_GS"，如图3-100所示。通过前面的操作，得到屏幕效果，如图3-101所示。

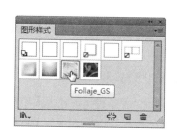

图3-99 混合效果　　　图3-100 【图形样式】对话框　　　图3-101 屏幕效果

步骤11 打开"素材文件\第3章\打电话.ai"，选中主体图形，复制粘贴到当前文件中，移动到适当位置，如图3-102所示。打开"素材文件\第3章\风景.ai"，选中主体图形，复制粘贴到当前文件中，移动到适当位置，如图3-103所示。

图3-102 添加人物素材　　　　　　图3-103 添加风景素材

知识能力测试

本章讲解了几何图形的绘制方法，为对知识进行巩固和考核，布置相应的练习题。

一、填空题

1．【椭圆工具】⬭可以绘制_____或_____。如果要绘制精确的图形，可在画板中单击，打开【椭圆】对话框。

2．线条分为_____、_____以及各种由线条组合的图形，用户可以根据要求选择不同的线条工具，进行各种线条的绘制。

3．在绘制多边形的过程中，按_____或_____键，可增加或减少多边形的边数；移动鼠标可以旋转多边形；按住【Shift】键操作可以锁定旋转角度。

二、选择题

1．（　　）可以绘制弧线。选择该工具后，将鼠标指针定位于弧线起始位置，单击并拖曳鼠标至弧线结束位置即可。

A．【弧线工具】　　　　　　　　B．【极坐标工具】

C．【直线段工具】　　　　　　　D．【弧线段工具】

2．在绘制矩形的过程中，按住（　　）键可以绘制一个正方形；按【Alt】键可以以单击点为中心绘制矩形。

A．【Ctrl】　　　B．【Shift】　　　C．【Space】　　　D．【Esc】

3．（　　）可以绘制各种方向的直线。选择该工具后，将鼠标指针定位至线段的起始位置，单击并拖曳线段至线段终止位置即可。

A．【光晕工具】　　　　　　　　B．【矩形工具】

C．【直线段工具】　　　　　　　D．【直线工具】

三、简答题

绘制几何图形时，应该选择哪种方法？

第 4 章
绘图工具的应用和编辑

本章导读

Illustrator CC 提供的自由绘图工具，能够更方便地完成复杂路径的绘制，使用路径调整工具，可以使路径绘制操作变得更加简单。本章将详细介绍 Illustrator CC 的自由路径工具、钢笔工具及调整路径工具应用。

学习目标

- 了解什么是路径和锚点
- 熟练掌握自由曲线绘制工具的使用
- 熟练掌握编辑路径的基本方法
- 熟练掌握描摹图稿的基本方法

4.1 路径和锚点

在 Illustrator CC 中,使用绘图工具可以绘制出不规则的直线或曲线,或任意图形,而绘制的每个图形对象都由路径和锚点构成。

4.1.1 路径

使用绘图工具绘制图形时产生的线条称为路径。路径由一个或多个直线段或曲线段组成,如图 4-1 所示。

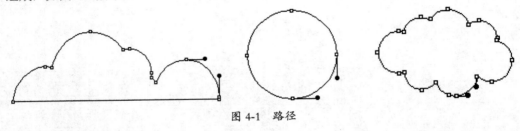

图 4-1 路径

4.1.2 锚点

锚点分为平滑点和角点,平滑曲线由平滑点连接而成,如图 4-2 所示;直线和转角曲线由角点连接而成,如图 4-3 所示。

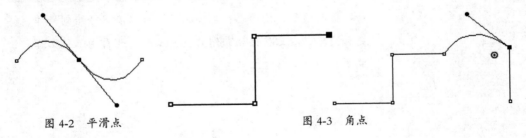

图 4-2 平滑点   图 4-3 角点

4.1.3 方向线和方向点

选择曲线锚点时,锚点上会出现方向线和方向点,如图 4-4 所示;拖动方向点可以调整方向线的方向和长度,从而改变曲线的形状,如图 4-5 所示。

图 4-4 方向线和方向点   图 4-5 拖动方向点

4.2 自由曲线绘制工具

除了几何图形外，本节将介绍 Illustrator CC 中的一些自由曲线绘制工具，如【铅笔工具】和【钢笔工具】等。

4.2.1 【铅笔工具】的使用

使用【铅笔工具】可以绘制开放或闭合的路径，就像用铅笔在纸上绘图一样，双击【铅笔工具】，可以打开【铅笔工具选项】对话框，如图 4-6 所示。

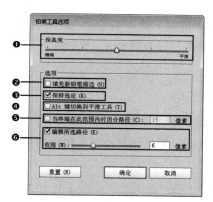

❶ 保真度	设置铅笔工具绘制曲线时路径上各点的精确度
❷ 填充新铅笔描边	选择此项后将对绘制的铅笔描边应用填充
❸ 保持选定	设置在绘制路径之后是否保持路径的所选状态。此选项默认为已选中
❹ 【Alt】键切换到平滑工具	绘制线条时，选择是否按住【Alt】键切换为【平滑工具】
❺ 当终端在此范围内时闭合路径	勾选该复选框，起点和终点之间在设置的数值之内时，会自动封闭路径
❻ 编辑所选路径	勾选该复选框，可用【铅笔工具】编辑选中的曲线路径

图 4-6 【铅笔工具选项】对话框

4.2.2 【平滑工具】的使用

【平滑工具】可以将锐利的线条变得更加平滑。双击【平滑工具】按钮，可以打开【平滑工具选项】对话框，如图 4-7 所示。选择【平滑工具】后，在图形上拖动鼠标即可，平滑前后效果对比如图 4-8 所示。

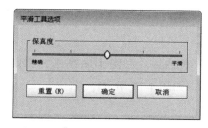

图 4-7 【平滑工具选项】对话框

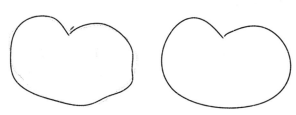

图 4-8 平滑前后效果对比

4.2.3 【钢笔工具】的使用

【钢笔工具】 ✎ 是创建路径最常用的工具，用于绘制直线和曲线段，并可以对路径进行编辑。

1．绘制直线段

使用【钢笔工具】 ✎ 绘制直线段的具体操作方法如下。

步骤 01 选择【钢笔工具】 ✎ ，在画板上单击鼠标创建第一个锚点，如图 4-9 所示。再次在其他位置单击，生成第二个锚点，如图 4-10 所示；依次单击生成其他锚点。

步骤 02 如果要闭合路径，将鼠标指针移动到第一个锚点位置，鼠标指针变为 ✎ 形状，如图 4-11 所示；单击鼠标即可闭合路径，如图 4-12 所示。

图 4-9　第一锚点　　图 4-10　第二锚点　　图 4-11　移动到起点　　图 4-12　闭合路径

2．绘制曲线段

使用【钢笔工具】 ✎ 绘制曲线段的具体操作方法如下。

选择【钢笔工具】 ✎ ，在曲线起点位置，单击鼠标生成第一个锚点，如图 4-13 所示。然后将鼠标指针放置至下一个锚点位置，单击并拖曳鼠标，如果向前一条方向线的相反方向拖动鼠标，可创建同方向的曲线，如图 4-14 所示。

如果按照与一条方向线相同的方向拖动鼠标，可创建"S"形曲线，如图 4-15 所示。

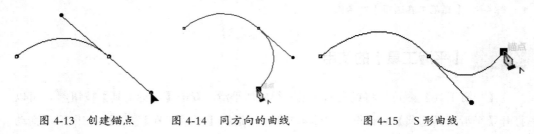

图 4-13　创建锚点　　　　图 4-14　同方向的曲线　　　　图 4-15　S 形曲线

3．绘制转角曲线

绘制转角曲线，需要在创建新锚点前改变方向线的方向。绘制转角曲线的具体操作方法如下。

步骤 01 选择【钢笔工具】 ✎ ，在画板中绘制一段曲线，如图 4-16 所示。将鼠标移到方向点上，单击并按住【Alt】键向相反方向拖动，如图 4-17 所示。

步骤 02 放开【Alt】键和鼠标按键，在其他位置单击并拖动鼠标创建一个新的平滑点，如图 4-18 所示。

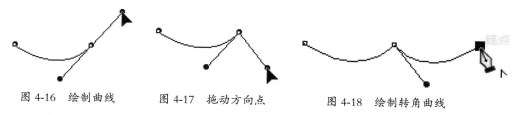

图 4-16　绘制曲线　　　图 4-17　拖动方向点　　　图 4-18　绘制转角曲线

4．在曲线后面绘制直线

在曲线后面绘制直线的具体操作方法如下。

步骤 01 选择【钢笔工具】 ，在画板中绘制一段曲线，如图 4-19 所示。将鼠标指针放在最后一个锚点上并单击，将该平滑点转换为角点，如图 4-20 所示。

步骤 02 在其他位置单击，即可在曲线后面绘制直线，如图 4-21 所示。

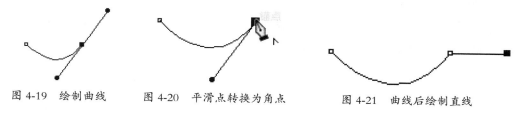

图 4-19　绘制曲线　　　图 4-20　平滑点转换为角点　　　图 4-21　曲线后绘制直线

课堂范例——绘制小草图形

步骤 01 选择【钢笔工具】 ，在画板中单击，确定第一个锚点，移动鼠标指针到第二点，单击并拖动鼠标，创建曲线段，如图 4-22 所示。

步骤 02 单击第二个锚点，将该点转换为角点，如图 4-23 所示。移动鼠标指针到下一点，单击并拖动鼠标，创建曲线段，如图 4-24 所示。单击锚点，将该点转换为角点，如图 4-25 所示。

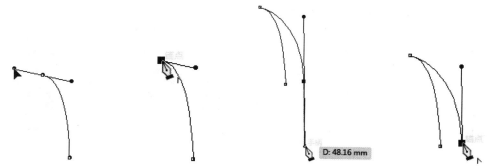

图 4-22　创建曲线段　　图 4-23　转换锚点类型　　图 4-24　创建曲线段　　图 4-25　转换锚点类型

步骤 03　　移动鼠标指针到下一点，单击并拖动鼠标，创建曲线段，如图 4-26 所示。单击锚点，将该点转换为角点，如图 4-27 所示。

步骤 04　　移动鼠标指针到另一点，单击并拖动鼠标，创建曲线段，如图 4-28 所示。单击锚点，将该点转换为角点，如图 4-29 所示。

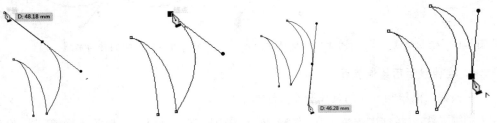

图 4-26　创建曲线段　　图 4-27　转换锚点类型　　图 4-28　创建曲线段　　图 4-29　转换锚点类型

步骤 05　　移动鼠标指针到另一点并单击，创建直线段，如图 4-30 所示。在下一点单击并拖动鼠标，创建曲线段，如图 4-31 所示。

步骤 06　　单击锚点，将该点转换为角点，如图 4-32 所示。移动鼠标指针到第一个锚点，鼠标指针变为 形状，如图 4-33 所示。

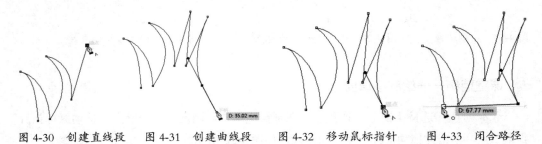

图 4-30　创建直线段　　图 4-31　创建曲线段　　图 4-32　移动鼠标指针　　图 4-33　闭合路径

步骤 07　　单击鼠标闭合路径，如图 4-34 所示。使用【选择工具】 选择图形，如图 4-35 所示。为图形填充绿色"#409E0A"，如图 4-36 所示；隐藏路径后效果如图 4-37 所示。

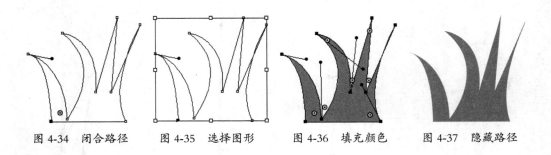

图 4-34　闭合路径　　图 4-35　选择图形　　图 4-36　填充颜色　　图 4-37　隐藏路径

4.3 编辑路径

绘制路径后，还可以对路径进行调整。选中单个锚点时，选项栏中除了显示转换锚点的选项外，还显示该锚点的坐标，如图 4-38 所示。当选择多个锚点时，除了显示转换锚点的选项外，还显示对齐锚点的各个选项，如图 4-39 所示。

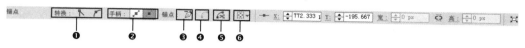

图 4-38　选中单个锚点选项栏

图 4-39　选中多个锚点选项栏

❶ 转换	单击相应按钮，可将锚点转换为角点或平滑点
❷ 手柄	单击相应按钮，可以显示或隐藏锚点的方向线和方向点
❸ 删除所选锚点	单击该按钮，可以删除锚点及锚点两端的线段
❹ 连接所选终点	选中锚点和起始点后，单击该按钮，可以封闭线段
❺ 以所选锚点处剪切路径	单击该按钮，将以锚点为中间，将当前图形剪切为两个路径
❻ 对齐所选对象	在下拉列表框中，选择对齐方式
❼ 对齐和分布	单击相应按钮，可以选择锚点的对齐和分布方式

4.3.1　使用钢笔调整工具

钢笔调整工具组包括【添加锚点工具】、【删除锚点工具】、【锚点工具】，可以添加新锚点，删除多余锚点和转换锚点的属性。

1．添加锚点

单击【添加锚点工具】，在路径上要添加锚点的位置单击即可添加锚点，如果添加锚点的路径是直线段，则添加的锚点必须是角点，如图 4-40 所示。如果添加锚点的路径是曲线段，则添加的锚点必须是平滑点，如图 4-41 所示。拖动控制点，即可改变曲线形状。

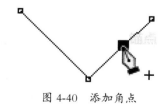

图 4-40　添加角点

图 4-41　添加平滑点

2．删除锚点

单击【删除锚点工具】 ，当鼠标指针指向路径中需要删除的锚点并单击，即可删除该锚点。如果路径是直线段，路径的形状不会发生变化，如图 4-42 所示；如果路径是曲线段，则路径会发生相应的改变，如图 4-43 所示。

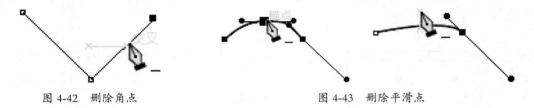

图 4-42　删除角点　　　　　　　　　　　　图 4-43　删除平滑点

3．转换锚点属性

单击【锚点工具】按钮 ，在平滑锚点上单击，可以将平滑点转换为角点，如图 4-44 所示。在角锚点上单击并拖动，可以将角点转换为平滑点，如图 4-45 所示。

图 4-44　平滑点转换为角点　　　　　　　　图 4-45　角点转换为平滑点

4.3.2　使用擦除工具

擦除工具包括【橡皮擦工具】 和【路径橡皮擦工具】 ，它们的使用方法相似，都是通过在路径上反复拖动来调整路径的形状。

1．橡皮擦工具

【橡皮擦工具】 可以擦除图稿的任何区域，包括路径、复合路径、"实时上色"组内的路径和剪贴路径。选择该工具后，拖动鼠标即可擦除图形，如图 4-46 所示。

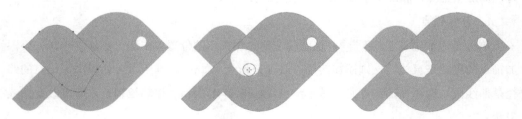

图 4-46　擦除图形

2．路径橡皮擦工具

【路径橡皮擦工具】 可以通过沿路径涂抹来删除该路径的各个部分，使用路径橡皮擦工具擦除路径的具体操作方法如下。

选择需要擦除的图形，选择【路径橡皮擦工具】 ，在图形上单击或拖动鼠标即可擦除路径，如图 4-47 所示。

图 4-47 擦除路径

使用【路径橡皮擦工具】✐在开放的路径上单击，可以在单击处将路径断开，分割为两个路径；如果在封闭的路径上单击，可以将路径整体删除。

4.3.3 路径的连接

无论是同一个路径中的两个端点，还是两个开放式路径中的端点，均可以将其连接在一起，下面介绍两种常用的连接方法。

方法 1：选择【钢笔工具】✐，将鼠标指针放在路径末端锚点上，鼠标指针变为█，形状，如图 4-48 所示。单击鼠标，将鼠标指针移动到另一端的锚点上，当鼠标指针变为█。形状时，单击鼠标即可连接锚点，如图 4-49 所示。

方法 2：使用【直接选择工具】█，选中需要连接的两个锚点，如图 4-50 所示。单击选项栏中的【连接所选终点】按钮█，或执行【对象】→【路径】→【连接】命令，即可快速将两条分离的线段连接起来，如图 4-51 所示。

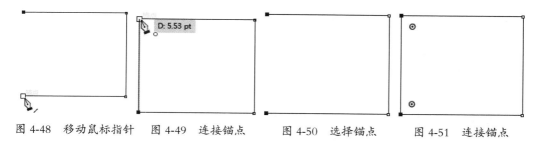

图 4-48 移动鼠标指针　　图 4-49 连接锚点　　图 4-50 选择锚点　　图 4-51 连接锚点

4.3.4 均匀分布锚点

使用【平均】命令可以让选择的锚点均匀分布，使用【直接选择工具】█选择多个锚点，如图 4-52 所示。执行【对象】→【路径】→【平均】命令，打开【平均】对话框，设置【轴】为"水平"，效果如图 4-53 所示。设置【轴】为"垂直"，效果如图 4-54 所示。设置【轴】为"两者兼有"，效果如图 4-55 所示。

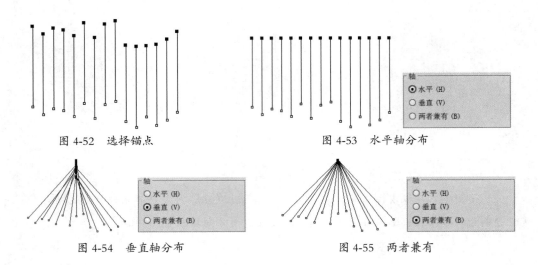

图 4-52　选择锚点　　　　　　　　　图 4-53　水平轴分布

图 4-54　垂直轴分布　　　　　　　　图 4-55　两者兼有

4.3.5　简化路径

使用【简化】命令可以用来简化所选图形中的锚点，在路径造型时尽量减少锚点的数目，达到减少系统负载的目的。简化路径的具体操作方法如下。

选择需要简化的路径，如图 4-56 所示。执行【对象】→【路径】→【简化】命令，弹出【简化】对话框，在【曲线精度】文本框中输入路径需要简化的程度，如"50%"，单击【确定】按钮，如图 4-57 所示。简化路径效果如图 4-58 所示。

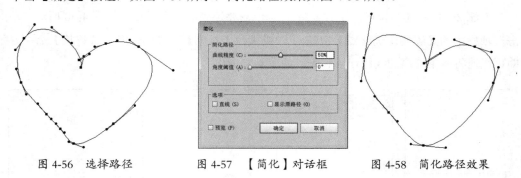

图 4-56　选择路径　　　　图 4-57　【简化】对话框　　　图 4-58　简化路径效果

在【简化】对话框中，常用的参数作用如图 4-59 所示。

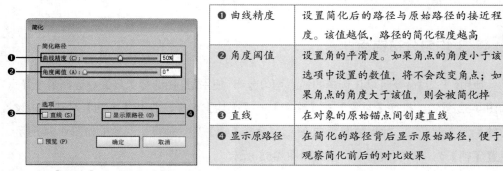

❶ 曲线精度	设置简化后的路径与原始路径的接近程度。该值越低，路径的简化程度越高
❷ 角度阈值	设置角的平滑度。如果角点的角度小于该选项中设置的数值，将不会改变角点；如果角点的角度大于该值，则会被简化掉
❸ 直线	在对象的原始锚点间创建直线
❹ 显示原路径	在简化的路径背后显示原始路径，便于观察简化前后的对比效果

图 4-59　【简化】对话框中的参数作用

4.3.6 切割路径

使用【剪刀工具】✂可以将闭合路径分裂为开放路径，也可以将开放路径进一步分裂为两条开放路径，具体操作方法如下。

步骤 01 选择【剪刀工具】✂，将鼠标指针移动到路径上的某点，如图 4-60 所示，单击鼠标左键，如图 4-61 所示。

步骤 02 如果单击的位置为路径线段，系统便会在单击的位置产生两个锚点，如果单击的是锚点，则会产生新的锚点，分割后的图形如图 4-62 所示。

图 4-60 移动鼠标指针   图 4-61 单击鼠标左键   图 4-62 分割后的图形

> 温馨提示
>
> 使用【剪刀工具】✂分割路径时，如果在操作的过程中，单击的位置不在路径或锚点上，系统将弹出提示对话框，提示操作错误。

4.3.7 偏移路径

【偏移路径】命令可以在现有路径的外部或者内部新建一条新的路径，具体操作方法如下。

选择需要偏移的路径，如图 4-63 所示。执行【对象】→【路径】→【偏移路径】命令，在打开的【偏移路径】对话框中，设置【位移】为"10px"，单击【确定】按钮，如图 4-64 所示。偏移路径效果如图 4-65 所示。

图 4-63 选择路径

图 4-64 【偏移路径】对话框

图 4-65 偏移路径效果

4.3.8 轮廓化路径

图形路径只能进行描边，不能进行填充颜色，要想对路径进行填色，需要将单路径转换为双路径，而双路径的宽度是根据选择路径描边的宽度来决定的，具体操作方法如下。

步骤 01 选择需要轮廓化的路径，如图 4-66 所示。

步骤 02 执行【对象】→【路径】→【轮廓化描边】命令，可以将路径转换为轮廓图形，如图 4-67 所示。

图 4-66 选择路径　　　　　　　　　　　图 4-67 轮廓化路径

4.3.9 路径查找器

使用路径查找器工具可以组合路径，很多复杂的图形都是通过简单图形的相加、相减、相交等方式来生成的。执行【窗口】→【路径查找器】命令，可以打开【路径查找器】面板，如图 4-68 所示。

图 4-68 【路径查找器】面板

选择需要进行组合的图形后，单击【路径查找器】面板中的各个按钮，可以得到不同的组合图形，常用的组合效果如图 4-69 所示。

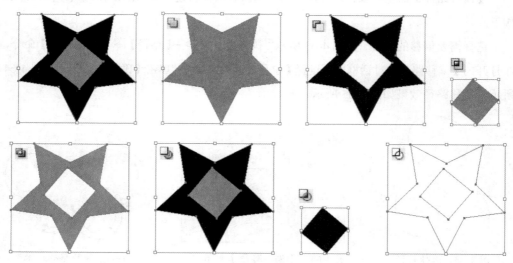

图 4-69 图形组合效果

4.3.10 复合对象

将多个图形对象转换为一个完全不同的图形对象,这样不仅改变了图形对象的形状,也将多个图形对象组合为一个图形对象,称为复合对象,复合对象中包括复合形状与复合路径。

1.复合形状

复合形状是可编辑的图稿,由两个或多个对象组成,每个对象都分配有一种形状模式。复合形状简化了复杂形状的创建过程,因为可以精确地操作每个所含路径的形状模式、堆栈顺序、形状、位置和外观。创建复合形状的具体操作方法如下。

> 步骤 01   选择对象,如图 4-70 所示。

> 步骤 02   单击【路径查找器】面板右上角的扩展按钮，在打开的快捷菜单中,选择【建立复合形状】命令,如图 4-71 所示。得到【相加】模式的复合形状,如图 4-72 所示。

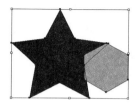

图 4-70   选择对象   图 4-71   【路径查找器】面板菜单命令   图 4-72   复合形状

2.复合路径

创建复合路径后,复合路径中的所有对象,都将应用最下方对象的上色和样式属性。创建复合路径的具体操作方法如下。

> 步骤 01   选中多个图形对象,执行【对象】→【复合路径】→【建立】命令或者按【Ctrl+B】组合键,即可将多个图形对象转换为一个复合路径对象,如图 4-73 所示。

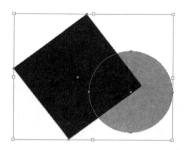
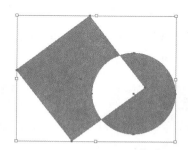

图 4-73   图形组合效果

> **温馨提示**
>
> 创建复合路径后,多个图形对象就会转换为一个对象,并不是组合对象,使用【直接选择工具】只能调整锚点。

步骤 02　创建复合路径后，将两个图形对象合并为一个对象，两个图形对象的重叠区域会镂空，要想使镂空的区域被填充，可以单击【属性】面板中的【使用非零缠绕填充规则】按钮⬜后再单击【反转路径方向（关）】按钮⇄，如图 4-74 所示。

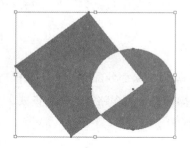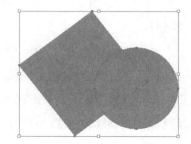

图 4-74　填充镂空区域

技 能 拓 展

　　选中复合路径后，执行【对象】→【复合路径】→【释放】命令，或者按【Ctrl+Alt+Shift+8】组合键，可以重新将复合路径恢复为原始的图形对象。

4.3.11　形状生成器

　　形状生成器工具是一个用于通过合并或擦除简单形状创建复杂形状的交互式工具。使用该项工具，可以在画板中直观地合并、编辑和填充形状。

1．使用形状生成器合并图形

使用形状生成器合并图形的具体操作方法如下。

步骤 01　使用【选择工具】▶选中需要创建形状的路径，如图 4-75 所示。

步骤 02　单击【形状生成器工具】按钮🔳，将鼠标指针指向选中图形的局部，即可出现高亮显示，在选中的图形对象中单击并拖曳鼠标，如图 4-76 所示。

步骤 03　释放鼠标后，即可将其合并为一个新形状，而颜色填充为工具箱中的【填色】颜色，如图 4-77 所示。

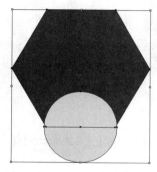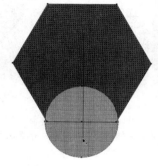

图 4-75　选中对象　　　　图 4-76　拖动鼠标　　　　图 4-77　合并图形

2. 使用形状生成器分离图形

使用【形状生成器工具】，在选中的图形对象中单击，系统会根据图形对象重叠边缘分离图形对象，并且为其重新填充颜色，如图 4-78 所示。

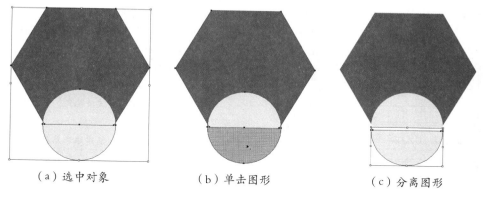

（a）选中对象　　　　　（b）单击图形　　　　　（c）分离图形

图 4-78　分离图形

3. 使用形状生成器删除局部图形

默认情况下，【形状生成器工具】处于合并模式，允许合并路径或选区，也可以按住【Alt】键切换至抹除模式，以删除任何不想要的边缘或选区，如图 4-79 所示。

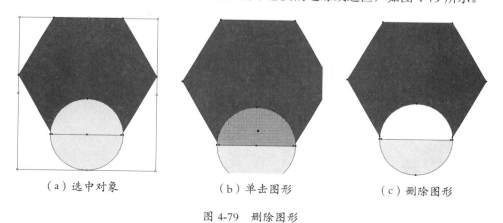

（a）选中对象　　　　　（b）单击图形　　　　　（c）删除图形

图 4-79　删除图形

4.4　描摹图稿

使用实时描摹功能，可以将照片、扫描图像或其他位图转换为可编辑的矢量图形。

执行【窗口】→【图像描摹】命令，打开【图像描摹】对话框，从【预设】下拉列表框中选择一种预设选项，并设置其他自定义选项，单击【描摹】按钮即可，如图 4-80 所示。

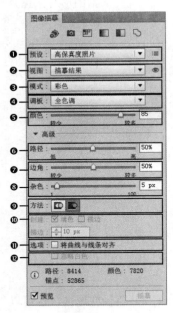

① 预设	设置描摹预设，包括"默认""简单描摹""6色"和"16色"等
② 视图	如果想要查看轮廓或源图像，可在下拉列表中选择相应选项
③ 模式 / 阈值	设置描摹结果的颜色模式
④ 调板	设置从原始图像生成彩色或灰度描摹的调板
⑤ 颜色	设置在颜色描摹结果中使用的颜色数
⑥ 路径	控制描摹形状和原始像素形状间的差异
⑦ 边角	设置侧重角点，该值越大，角点越多
⑧ 杂色	设置描摹时忽略的区域，该值越大，杂色越少
⑨ 方法	设置一种描摹方法。单击邻接按钮，可创建木刻路径；单击重叠按钮，创建堆积路径
⑩ 填色 / 描边	勾选【填色】复选框，可以描摹结果中创建填色区域；勾选【描边】复选框，可在描摹结果中创建描边路径
⑪ 将曲线与线条对齐	设置略微弯曲的曲线是否被替换为直线
⑫ 忽略白色	设置白色填充区域是否被替换为无填充

图 4-80 【图像描摹】对话框

4.4.1 【视图】效果

在【图像描摹】对话框的【视图】下拉列表框中，可以选择视图模式，常见效果如图 4-81 所示。

（a）【描摹结果】

（b）【描摹结果】（带轮廓）

（c）【轮廓】模式

图 4-81【视图】效果

技能拓展

在【描摹选项】对话框中，勾选【预览】复选框，可以即时预览进行参数设置后的图形输出效果。

4.4.2 【预设】效果

除了选择【视图】模式外，用户还可以在【描摹选项】对话框中设置其他选项来控制效果。例如，在【模式】下拉列表框中进行选择，可以生成彩色、灰度及黑白图形效果等；在【预设】下拉列表框中有多种描摹预设设置，如图 4-82 所示。

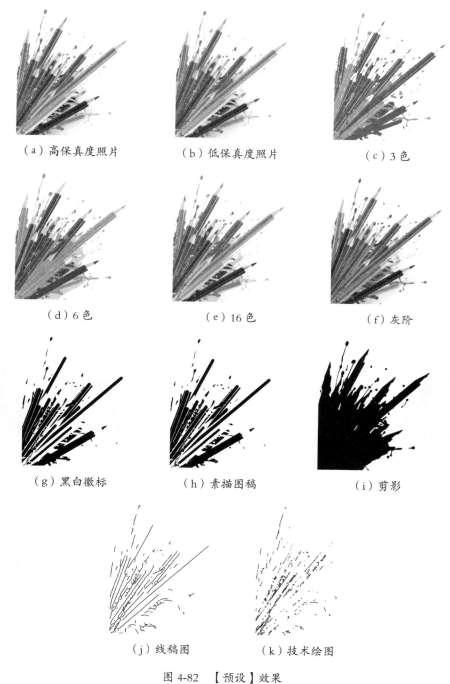

（a）高保真度照片　　　（b）低保真度照片　　　（c）3色

（d）6色　　　　　　　（e）16色　　　　　　　（f）灰阶

（g）黑白徽标　　　　　（h）素描图稿　　　　　（i）剪影

（j）线稿图　　　　（k）技术绘图

图 4-82　【预设】效果

4.4.3 将描摹对象转换为矢量图形

　　描摹位图后，执行【对象】→【图像描摹】→【扩展】命令，可以将其转换为路径。如果要在描摹的同时转换为路径，可以执行【对象】→【图像描摹】→【建立并扩展】命令。

4.4.4 释放描摹对象

　　描摹位图后，如果想恢复置入的原始图像，可以选择描摹对象，执行【对象】→【图像描摹】→【释放】命令。

■ 课堂范例——制作怀旧油画效果

　　步骤 01　打开"素材文件\第 4 章\美女 .jpg"，如图 4-83 所示。执行【窗口】→【图像描摹】命令，打开【图像描摹】对话框，设置【预设】为"低保真度照片"，如图 4-84 所示。图像描摹效果如图 4-85 所示。

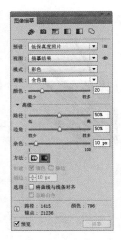

图 4-83　打开素材　　图 4-84　【图像描摹】对话框　　图 4-85　图像描摹效果

　　步骤 02　使用【矩形工具】绘制图形，填充黄绿色"#CCCC54"，如图 4-86 所示。执行【窗口】→【透明度】命令，打开【透明度】面板，设置【混合模式】为"叠加"，如图 4-87 所示。通过前面的操作，得到怀旧油画效果，如图 4-88 所示。

图 4-86　绘制矩形

图 4-87　【透明度】面板

图 4-88　怀旧油画效果

课堂问答

通过本章内容的讲解，读者对 Illustrator CC 绘图工具有了一定的了解，下面列出一些常见的问题供学习参考。

问题 ❶：什么是实时转角？

答：使用【直接选择工具】单击转角上的锚点时，会显示实时转角构件，如图 4-89 所示。将鼠标移动到实时转角构件上，单击并拖动鼠标，如图 4-90 所示。可将转角转换为圆角，如图 4-91 所示。

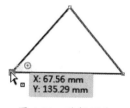

图 4-89　选择锚点

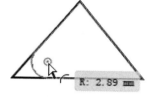

图 4-90　拖动鼠标

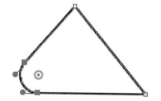

图 4-91　转角转换为圆角

双击实时转角构件，打开【边角】对话框，如图 4-92 所示。单击【反向圆角】按钮，可以将转角改为反向圆角，如图 4-93 所示。单击【倒角】按钮，可以将转角改为倒角，如图 4-94 所示。

图 4-92　【边角】对话框

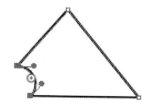

图 4-93　转角改为反向圆角

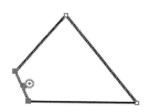

图 4-94　转角改为倒角

问题 ❷：如何使用色板库中的色板描摹图像？

答：使用色板库中的色板描摹图像的具体操作方法如下。

步骤 01 打开"素材文件 \ 第 4 章 \ 镜框 .jpg"，如图 4-95 所示。执行【窗口】→【色板库】→【艺术史】→【印象派风格】命令，打开【印象派风格】面板，如图 4-96所示。

图 4-95 打开素材

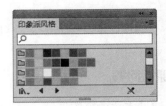

图 4-96 【印象派风格】面板

步骤 02 打开【图像描摹】对话框，设置【模式】为"彩色"，设置【调板】为"印象派风格"，单击【描摹】按钮，如图 4-97 所示。即可用该色板库中的颜色描摹图像，描摹效果如图 4-98 所示。

图 4-97 【图像描摹】对话框

图 4-98 描摹效果

问题 ❸：如何清理复杂路径？

答：创建和编辑路径过程中，常会在画板中留下多余的锚点和路径，如图 4-99 所示。执行【对象】→【路径】→【清理】命令，打开【清理】对话框，单击【确定】按钮，如图 4-100 所示。清除多余锚点、未着色的对象和空的文本路径，如图 4-101所示。

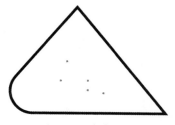

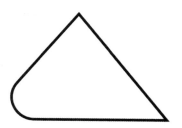

图 4-99　多余锚点　　　　图 4-100　【清理】对话框　　　　图 4-101　清理锚点

在【清理】对话框中，常用的选项作用如图 4-102 所示。

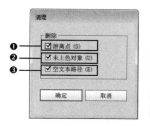

❶ 游离点	操作时产生的多余锚点
❷ 未上色对象	清除文件中没有设置填充和描边的对象
❸ 空文本路径	清除没有字符的空文本框和文本路径

图 4-102　【清理】对话框

🖼 上机实战——绘制切开的西瓜

通过本章内容的学习，为了让读者能巩固本章知识点，下面讲解一个技能综合案例，使读者对本章的知识有更深入的了解。

效果展示

思路分析

夏日炎炎，西瓜汁多味甜，是人们最喜欢的解暑水果，下面介绍如何在 Illustrator CC 中绘制切开的西瓜。

本例首先使用【椭圆工具】●绘制西瓜的外形，并填充颜色；然后绘制西瓜籽效果，最后添加灰色投影，增加立体感，完成制作。

制作步骤

步骤 01　新建空白文档，选择【椭圆工具】●，在画板中拖动鼠标绘制图形，如图 4-103 所示。在工具箱中单击【填色】图标，如图 4-104 所示。在【拾色器】对话框中，设置颜色为红色"#E84138"，如图 4-105 所示。

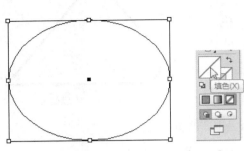
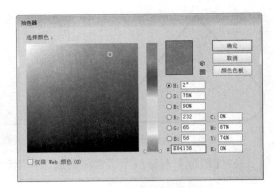

图 4-103　绘制图形　　图 4-104　【填色】图标　　图 4-105　【拾色器】对话框

步骤 02　　通过前面的操作，为图形填充红色，如图 4-106 所示。使用【矩形工具】■

绘制矩形，如图 4-107 所示。

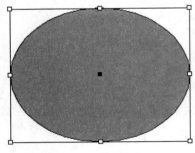
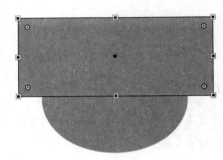

图 4-106　填充红色　　　　　　　图 4-107　绘制矩形

步骤 03　　使用【选择工具】选中两个图形，如图 4-108 所示。在【路径查找器】

对话框中单击【减去顶层】按钮■，如图 4-109 所示。

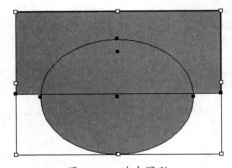

图 4-108　选中图形　　　　　图 4-109　【路径查找器】对话框

步骤 04　　通过前面的操作，得到组合图形，如图 4-110 所示。执行【对象】→【路

径】→【偏移路径】命令，打开【偏移路径】对话框，设置【位移】为"1.5mm"，单击【确

定】按钮，如图 4-111 所示。

图 4-110　组合图形

图 4-111　【偏移路径】对话框

步骤 05 通过前面的操作，得到偏移图形，如图 4-112 所示。使用【选择工具】 选择下方的图形，如图 4-113 所示。

图 4-112　得到偏移图形

图 4-113　选择图形

步骤 06 再次执行【对象】→【路径】→【偏移路径】命令，打开【偏移路径】对话框，设置【位移】为"1.5mm"，单击【确定】按钮，得到偏移图形，如图 4-114 所示。

步骤 07 选择中间的图形，填充白色，如图 4-115 所示。

图 4-114　得到偏移图形

图 4-115　选择图形并填充白色

步骤 08 选择外侧的图形，填充绿色"#70B8B3"，如图 4-116 所示。选择【剪刀工具】 ，单击左侧锚点，如图 4-117 所示。

图 4-116　填充绿色图形

图 4-117　单击左侧锚点

步骤 09 移动鼠标到右侧，单击右侧锚点，删除多余图形，如图 4-118 所示。使用【选择工具】 选择中间的白色图形，如图 4-119 所示。

图 4-118　单击右侧锚点

图 4-119　选择中间的白色图形

步骤 10　选择【剪刀工具】 ✂，单击左侧锚点，如图 4-120 所示。移动鼠标指针到右侧，单击右侧锚点，剪切多余图形，如图 4-121 所示。

图 4-120　单击左侧锚点

图 4-121　单击右侧锚点

步骤 11　使用【选择工具】 ▶ 框选上方的多余图形，按【Delete】键删除多余图形，如图 4-122 所示。使用【选择工具】 ▶ 选择中间的红色图形，如图 4-123 所示。

图 4-122　选择多余图形

图 4-123　选择中间的红色图形

步骤 12　执行【对象】→【变换】→【移动】命令，在打开的【移动】对话框中设置【水平】、【垂直】、【距离】、【角度】值均为 0，单击【复制】按钮，在原位置复制图形，如图 4-124 所示。

步骤 13　选择【剪刀工具】 ✂，单击左侧锚点，如图 4-125 所示。移动鼠标到右上角，单击锚点，剪切多余图形，如图 4-126 所示。

图 4-124　【移动】对话框

图 4-125　单击左侧锚点

图 4-126　剪切图形

步骤 14 使用【选择工具】▶选择右侧图形，如图 4-127 所示。更改填充颜色为深红色 "#D23930"，如图 4-128 所示。

图 4-127 选择右侧图形

图 4-128 更改填充颜色

步骤 15 使用【选择工具】▶选择左侧的多余图形，按【Delete】键删除，如图 4-129 所示。选择【椭圆工具】◯，在图像中单击，在弹出的【椭圆】对话框中，设置【宽度】为 "0.4mm"、【高度】为 "2mm"，单击【确定】按钮，如图 4-130 所示。

图 4-129 选择并删除图形

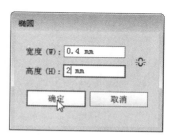

图 4-130 【椭圆】对话框

步骤 16 在画板中绘制椭圆图形，填充深红色 "#534741"，如图 4-131 所示。执行【对象】→【变换】→【移动】命令，在弹出的【移动】对话框中设置【水平】为 "4mm"，单击【复制】按钮，如图 4-132 所示。

图 4-131 绘制椭圆

图 4-132 【移动】对话框

步骤 17 通过前面的操作，复制图形，如图 4-133 所示。按【Ctrl+D】组合键 6 次，重制图形，效果如图 4-134 所示。

图 4-133　复制图形

图 4-134　继续复制图形

步骤 18　使用【套索工具】选中所有椭圆图形，如图 4-135 所示。执行【对象】→【变换】→【移动】命令，在打开的【移动】对话框中设置【水平】为"-2mm"、【垂直】为"3"，单击【复制】按钮，如图 4-136 所示。

图 4-135　选中所有椭圆图形

图 4-136　【移动】对话框

步骤 19　通过前面的操作，复制图形，效果如图 4-137 所示。按【Ctrl+D】组合键两次，重制图形，效果如图 4-138 所示。

图 4-137　复制图形

图 4-138　重制图形

步骤 20　选中左侧的 3 个多余图形，如图 4-139 所示。按【Delete】键删除多余图形，如图 4-140 所示。

图 4-139　选中多余图形

图 4-140　删除多余图形

步骤 21　使用【选择工具】选中下方的绿色图形，执行【对象】→【风格化】→【投影】命令，打开【投影】对话框，设置【颜色】为浅灰色"#9FA0A0"，如图 4-141 所示。
通过前面的操作，为图形添加投影效果，如图 4-142 所示。

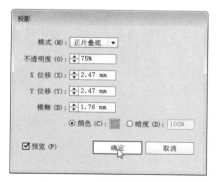

图 4-141 【投影】对话框

图 4-142 投影效果

🌐 同步训练——绘制爱心效果

通过上机实战案例的学习，为了增强读者动手能力，下面安排一个同步训练案例，
让读者达到举一反三、触类旁通的学习效果。

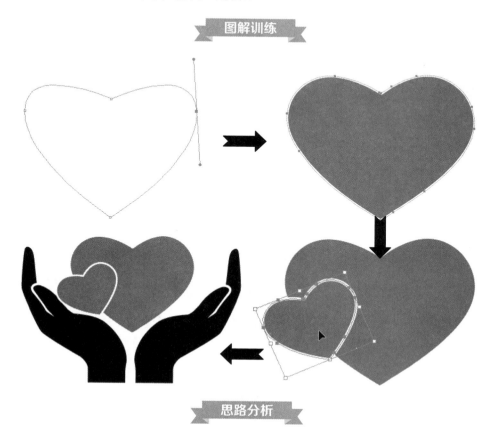

图解训练

思路分析

心形符号常被用在所有表达爱意的场合，除了爱情，还包括母爱、父爱，甚至对宠

物狗的爱。下面介绍如何绘制爱心效果。

本例首先使用【钢笔工具】 🖊️绘制心形轮廓，然后复制图形丰富画面，最后添加素材图形，完成制作。

步骤 01 新建空白文件，选择【钢笔工具】 🖊️，在画板中单击确定锚点，在下一点单击并拖动绘制曲线，如图 4-143 所示。

步骤 02 在下一点单击，如图 4-144 所示。在下一点单击并拖动鼠标，绘制图形，如图 4-145 所示。

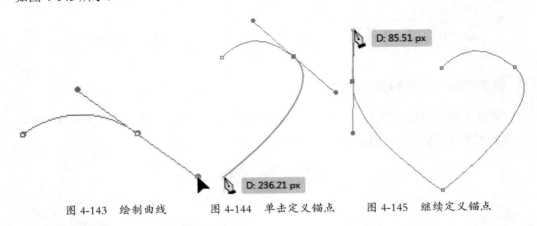

图 4-143 绘制曲线 　　　 图 4-144 单击定义锚点 　　　 图 4-145 继续定义锚点

步骤 03 移动鼠标在路径起点，单击鼠标闭合图形，如图 4-146 所示。

步骤 04 选择【直接选择工具】 ▷，拖动调整右侧锚点，使图形左右对称，效果如图 4-147 所示。

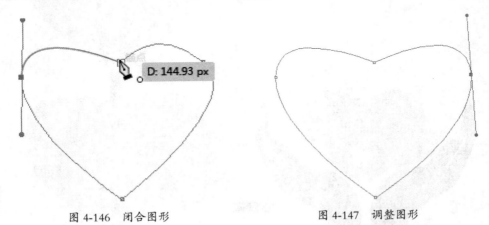

图 4-146 闭合图形 　　　　　　　　　　 图 4-147 调整图形

步骤 05 使用【直接选择工具】 ▷选中左侧锚点，拖动上方的方向点，调整曲线形状，如图 4-148 所示。使用【直接选择工具】 ▷选中右侧锚点，拖动上方的方向点，调整曲线形状，如图 4-149 所示。

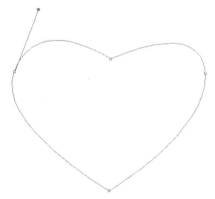

图 4-148 拖动左侧锚点

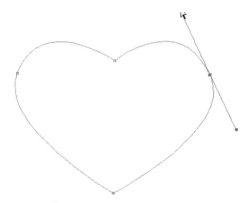

图 4-149 拖动右侧锚点

步骤 06 为图形填充红色"#E60012",在选项栏中,设置描边颜色为白色,【描边粗细】为"1.5mm",效果如图 4-150 所示。

步骤 07 选择【平滑工具】 ✐,在右侧不平滑的位置,拖动鼠标平滑曲线,如图 4-151 所示。

图 4-150 填充和描边图形

图 4-151 平滑右侧曲线

步骤 08 继续使用【平滑工具】 ✐,在左侧不平滑的位置,拖动鼠标平滑曲线,如图 4-152 所示。按住【Alt】键,拖动复制图形,如图 4-153 所示。

图 4-152 平滑左侧曲线

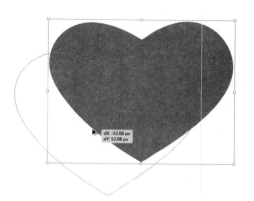

图 4-153 复制图形

步骤09 拖动左下角的控制点，适当缩小图形，如图 4-154 所示。移动鼠标到右上角，拖动鼠标适当旋转图形，如图 4-155 所示。

图 4-154 缩小图形

图 4-155 旋转图形

步骤10 移动图形到左侧适当位置，如图 4-156 所示。打开"素材文件 \ 第 4 章 \ 手 .ai"，复制粘贴到当前文件中，移动到适当位置，如图 4-157 所示。

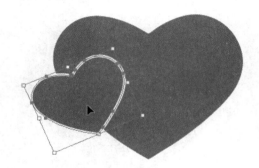

图 4-156 移动图形

图 4-157 添加素材

知识能力测试

本章讲解了绘图工具的应用和编辑，为对知识进行巩固和考核，布置相应的练习题。

一、填空题

1. 偏移路径命令可以在现有路径的_____或者_____新建一条新的路径。

2. 除了选择【视图】模式外，用户还可以在【图像描摹】对话框中设置其他选项来控制效果。例如，在【模式】下拉列表框中进行选择，可以生成____、____及____图形效果等。

3.【橡皮擦工具】可以擦除图稿的任何区域，包括____、____、_____和_____。选择该工具后，拖动鼠标即可擦除图形。

二、选择题

1. 默认情况下，【形状生成器工具】处于合并模式，允许合并路径或选区，也可以按住（　　）键切换至抹除模式，以删除任何不想要的边缘或选区。

    A.【Ctrl】   B.【Shift】   C.【Alt】   D.【Enter】

  2. 使用简化命令可以用来简化所选图形中的（　　），在路径造型时尽量减少锚点的数目，达到减少系统负载的目的。

    A. 锚点   B. 线段   C. 方向点   D. 曲线段

3. 描摹位图后，执行【对象】→【图像描摹】→（　　）命令，可以将其转换为路径。

    A.【建立】   B.【建立并扩展】

    C.【转换为路径】   D.【扩展】

三、简答题

1. 创建复合形状后，可以恢复为单个形状吗？

2. 如何轮廓化路径？轮廓化路径有什么作用？

第 5 章
填充颜色和图案

本章导读

绘制图形后，需要对图形进行上色，Illustrator CC 为用户提供了很多填色工具和命令。本章将详细介绍单色填充及实时上色的方法与和技巧，通过这些工具和命令的应用，用户可以快速绘制出色彩鲜艳的图形。

学习目标

- 熟练掌握图形的填充和描边方法
- 熟练掌握实时上色方法
- 熟练掌握渐变色及网格的应用
- 熟练掌握图案填充和描边应用

5.1　图形的填充和描边

绘制图形时，除了需要完整的图形轮廓，还需要有丰富的色彩才能构成一个完整的作品，本节将详细介绍如何进行图形的填充和描边。

5.1.1　使用工具箱中的【填色】和【描边】按钮填充颜色

双击工具箱中的【填色】和【描边】按钮，可以打开【拾色器】对话框，在对话框中，用户可以通过选择色谱、定义颜色值等方式快速选择对象的填色或描边颜色。

1．工具箱中的颜色控制按钮

在工具箱下方能够看到颜色控制按钮，如图 5-1 所示。

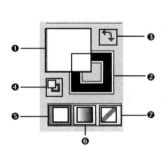

❶ 填色	快速设置图形中的填充颜色
❷ 描边	快速设置对象的轮廓颜色
❸ 互换填色和描边	可以在填色和描边之间切换颜色
❹ 默认填色和描边	切换至默认设置
❺ 颜色	将上次选中的纯色应用于具有渐变色或者没有描边或填充色的对象
❻ 渐变	将当前选中的填充色改为上次应用的渐变颜色值
❼ 无	删除对象的填色和描边

图 5-1　颜色控制按钮

2．【拾色器】对话框

使用【拾色器】对话框填充颜色的具体操作方法如下。

步骤 01　选择需要填充的图形对象，双击工具箱中的【填色】按钮，如图 5-2 所示。

步骤 02　弹出【拾色器】对话框，设置颜色值"#F9D3E3"，完成设置后，单击【确定】按钮即可，如图 5-3 所示；填色效果如图 5-4 所示。

图 5-2　选择图形

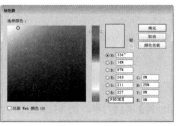

图 5-3　【拾色器】对话框

图 5-4　填充效果

5.1.2 通过选项栏填充颜色和描边

选择图形后，在选项栏中可以直接设置填充和描边颜色，还可以设置描边粗细、描边装饰等属性。

5.1.3 使用【色板】和【颜色】面板填充颜色

通过【色板】面板可以控制所有文档的颜色、渐变、图案和色调；而【颜色】面板可以使用不同颜色模式显示颜色值，然后将颜色应用于图形的填充和描边。

1．【色板】面板

选择需要填充的图形后，单击【色板】面板中需要的色块，即可为图形填充颜色。执行【窗口】→【色板】命令，即可打开【色板】面板，如图 5-5 所示。

2．【颜色】面板

选择需要填充的图形后，单击【颜色】面板中需要的颜色，即可为图形填充颜色。执行【窗口】→【颜色】命令，弹出【颜色】面板，如图 5-6 所示。

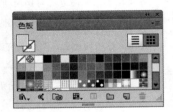

图 5-5　【色板】面板

图 5-6　【颜色】面板

5.2　创建实时上色

"实时上色"是一种创建彩色图画的直观方法，犹如画家在画布上作画，先使用铅笔等绘制工具绘制一些图形轮廓，然后在这些描边之间的区域进行颜色的填充。

5.2.1 实时上色组

实时上色是通过路径将图形划分为多个上色区域，每一个区域都可以单独上色或描边，进行实时上色操作之前，需要创建实时上色组，具体操作方法如下。

步骤 01　打开"素材文件 \ 第 5 章 \ 小鸡 .ai"，执行【对象】→【实时上色】→【建立】命令或者按【Ctrl+Alt+X】组合键，将对象创建为实时上色组，如图 5-7 所示。

步骤 02　单击【实时上色工具】按钮或按【K】键，设置工具箱中的【填色】

为浅黄色"#FED600"，移动鼠标指针到如图 5-8 所示的位置，单击鼠标左键，即可为选中的区域填充颜色，如图 5-9 所示。

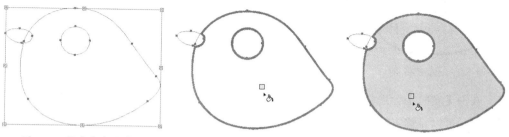

图 5-7　创建实色上色组　　　图 5-8　移动鼠标指针位置　　　图 5-9　填充浅黄色

步骤 03　设置【填充】颜色为深黄色"#685507"，移动鼠标指针到眼睛位置，单击鼠标左键，即可填充颜色，如图 5-10 所示。移动鼠标指针到嘴角位置，单击鼠标左键，即可填充颜色，如图 5-11 所示。

步骤 04　设置工具箱中的【填充】颜色为红色"# E60012"，移动鼠标指针到嘴尖位置，单击鼠标填充红色，效果如图 5-12 所示。

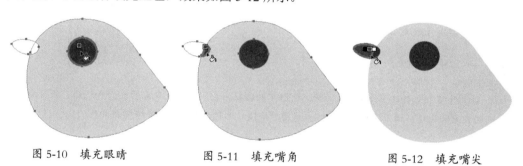

图 5-10　填充眼睛　　　　　图 5-11　填充嘴角　　　　　图 5-12　填充嘴尖

> **温馨提示**
>
> 在图形区域内部，除了能够填充单色外，还可以填充图案，只要将【填色】色块设置为图案即可。

5.2.2　为边缘上色

当图形对象转换为实时上色组后，使用【实时上色工具】并不能为图形对象的边缘设置描边颜色，为边缘实时上色的具体操作方法如下。

步骤 01　打开"素材文件 \ 第 5 章 \ 熊猫 .ai"，单击工具箱中的【实时上色选择工具】按钮，单击实时上色组中上方的某段路径将其选中，如图 5-13 所示。

步骤 02　选中路径后，即可在选项栏中，设置轮廓的图案，设置【描边】粗细为"1.5mm"，如图 5-14 所示；描边效果如图 5-15 所示。

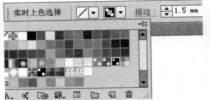

图 5-13　选中路径　　　　　图 5-14　设置【描边】粗细　　　　图 5-15　描边效果

双击【实时上色选择工具】按钮，可以打开【实时上色选择选项】对话框，在对话框中，可以设置实时上色的各项参数，如图 5-16 所示。

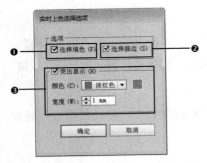

❶ 选择填色	勾选此复选框后，则对实时上色组中的各表面进行上色
❷ 选择描边	对实时上色组中的各边缘上色
❸ 突出显示	设置突出显示的颜色和宽度

图 5-16　【实时上色选择选项】对话框

温馨提示

　　使用【直接选择工具】修改实时上色组中的路径，会同时修改现有的表面和边缘，还可能创建新的表面和边缘；编辑路径时，系统会试图对修改过路径的新表面和边缘重新着色。

5.2.3　释放和扩展实时上色

【释放】和【扩展】命令可以将实时上色组转换为普通路径。

1. 释放实时上色组

选择实时上色组，如图 5-17 所示，执行【对象】→【实时上色】→【释放】命令，可以将实时上色组转换为对象原始形状,所有内部填充被取消,只保留黑色描边,如图 5-18 所示。

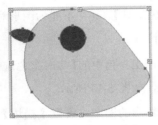

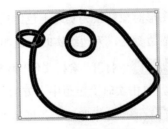

图 5-17　选择实时上色组　　　　　　　　　図 5-18　释放效果

2. 扩展实时上色组

选择实时上色组后，如图 5-19 所示，执行【对象】→【实时上色】→【扩展】命令，可以将每个实时上色组的表面和轮廓转换为独立的图形，并划分为两个编组对象，所有表面为一个编组，所有轮廓为另一个编组。

在对象上右击，在弹出的快捷菜单中选择【取消编组】命令，如图 5-20 所示。通过前面的操作即可解散编组，解散编组后即可查看各个单独的对象，如图 5-21 所示。

图 5-19　选择实时上色组　　　图 5-20　【取消编组】命令　　　图 5-21　查看单独对象

课堂范例——为水果篮上色

步骤 01　打开"素材文件 \ 第 5 章 \ 水果篮 .ai"，选中所有图形，执行【对象】→【实时上色】→【建立】命令，将对象创建为实时上色组，如图 5-22 所示。

步骤 02　设置前景色为深黄色"#C5AC28"，单击【实时上色工具】按钮🖌️，移动鼠标指针到提手位置，单击鼠标左键，即可为选中的区域填充颜色，如图 5-23 所示。

步骤 03　在下方单击填充其他区域颜色，如图 5-24 所示。

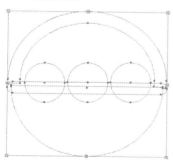
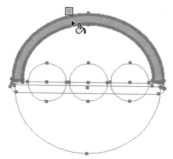
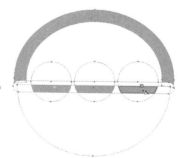

图 5-22　绘制图形并　　　　图 5-23　填充选中的　　　　图 5-24　填充其他
　　　　创建实时上色组　　　　　　区域颜色　　　　　　　区域颜色

步骤 04　设置前景色为黄色"# FFF100"，单击【实时上色工具】按钮🖌️，移动鼠标指针到其他位置，依次单击鼠标左键，即可为选中的区域填充颜色，如图 5-25 所示。

步骤 05　设置前景色为红色"#D04A1E"，填充水果区域，如图 5-26 所示。设置前景色为橙色"# E2C62B"，填充果篮区域，如图 5-27 所示。

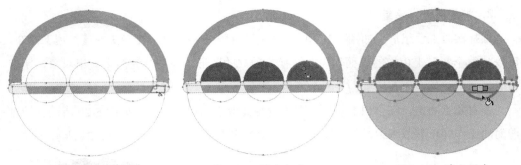

图 5-25 填充黄色　　　　　图 5-26 填充红色　　　　　图 5-27 填充橙色

步骤 06 选择【实时上色选择工具】，选中上方的线条，如图 5-28 所示。在选项栏中，在【轮廓】下拉面板中选择果绿色色块，【描边】设置为"1mm"，如图 5-29 所示。线条颜色效果如图 5-30 所示。

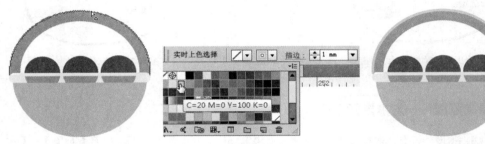

图 5-28 选中上方线条　　　图 5-29 【轮廓】下拉面板　　　图 5-30 填充果绿色效果

步骤 07 选择【实时上色选择工具】，选中下方的线条，如图 5-31 所示。在选项栏中，在【轮廓】下拉面板中选择深黄色色块，【描边】设置为"1mm"，如图 5-32 所示。线条颜色如图 5-33 所示。

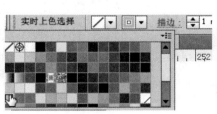

图 5-31 选中下方线条　　　图 5-32 【轮廓】下拉面板　　　图 5-33 填充深黄色效果

步骤 08 执行【对象】→【实时上色】→【扩展】命令并在图形上右击，在打开的快捷菜单中选择【取消编组】命令，如图 5-34 所示。

步骤 09 取消编组后，继续选中内部图形并右击，在打开的快捷菜单中选择【取消编组】命令，如图 5-35 所示。解散编组后，选中下方的图形，如图 5-36 所示。

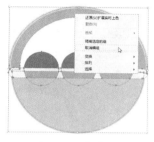

图 5-34 取消编组

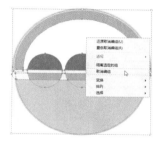

图 5-35 继续取消编组

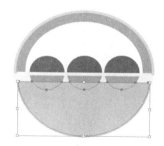

图 5-36 选中下方图形

步骤 10 执行【效果】→【风格化】→【涂抹】命令，打开【涂抹选项】对话框，设置【设置】为"密集"，单击【确定】按钮，如图 5-37 所示。最终效果如图 5-38 所示。

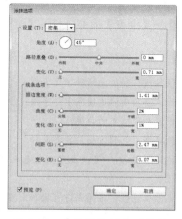

图 5-37 【涂抹选项】对话框

图 5-38 最终效果

5.3 渐变色及网格的应用

创建渐变色可以在对象内或对象间填充平滑过滤色，而网格对象是一种多色对象，其填充的颜色可以沿不同方向顺畅分布且从一点平滑过滤到另一点。

5.3.1 渐变色的创建与编辑

在 Illustrator CC 中，创建渐变填充的方法很多，在渐变填充效果中较为常用的是线性和径向渐变。

1．创建线性渐变

线性渐变是指两种或两种以上的颜色在同一条直线上的逐渐过渡。该颜色效果与单色填充相同，均是在工具箱底部显示默认渐变色块，单击工具箱底部的【渐变】图标，即可将单色填充转换为黑白线性渐变，如图 5-39 所示。

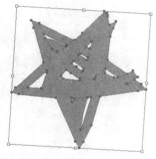 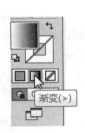 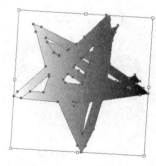

图 5-39   将单色填充转换为黑白线性渐变色

2.【渐变】面板

工具箱中的渐变效果只是固定的渐变效果，如果想要得到更加丰富的渐变样式，可以双击工具箱中的【渐变】图标██或者执行【窗口】→【渐变】命令，打开【渐变】面板，如图 5-40 所示。

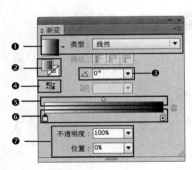

① 渐变类型	包括线性和径向两种渐变类型
② 填色描边	和工具箱中的【填色】、【描边】图标相同
③ 角度	设置渐变填充的角度
④ 反向渐变	调整渐变色的方向，使之反转
⑤ 渐变滑块	拖动该滑块，可以设置渐变色之间的过滤位置
⑥ 渐变色标	在渐变色条下方单击即可增加渐变色标
⑦ 色标选项	设置选中的渐变色标（色标下部为黑色为选中色标，色标下部为白色为未选中色标）的不透明度和位置

图 5-40　【渐变】面板

3. 创建径向渐变

径向渐变从起始颜色以类似于圆的形式向外辐射，逐渐过滤到终止颜色，而不受角度的约束。用户可以改变径向渐变的起始颜色和终止颜色以及渐变填充中心点的位置，从而生成不同的渐变填充效果。

技能拓展

如果是从单色填充创建径向渐变，那么选中单色图形对象后，在【色板】面板中单击【径向渐变】色块，即可得到径向渐变填充效果。

4. 改变渐变颜色

默认情况下创建的渐变均为黑白渐变，而渐变颜色的设置主要是通过【渐变】面板和【颜色】面板结合完成的，以径向渐变为例，改变渐变颜色的具体操作方法如下。

步骤 01 打开"素材文件\第5章\风景.ai",选择需要改变渐变颜色的对象,如图5-41所示。在【渐变】面板中,设置【类型】为"径向",单击右侧的渐变色标,如图5-42所示。

图 5-41 选择图形

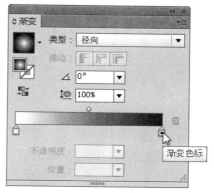

图 5-42 【渐变】面板

> **温馨提示**
>
> 在【渐变】面板中,拖动右下角的 ▦ 图标,可以将面板变宽。在这样的情况下,可以更方便地添加多个渐变色标。

步骤 02 打开【设置颜色】对话框,在对话框中单击【色板】按钮▦▦,单击蓝色色块,如图5-43所示。通过前面的操作,改变渐变颜色,效果如图5-44所示。

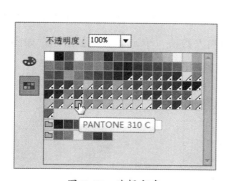

图 5-43 选择颜色

图 5-44 填充渐变色

5. 调整渐变效果

除了使用【渐变】面板对渐变颜色进行编辑外,还可以通过其他方法更改或调整图形对象的渐变属性。使用渐变工具调整渐变效果的具体操作方法如下。

步骤 01 选中需要调整的对象,单击【渐变工具】按钮▭,在渐变对象内任意位置单击鼠标左键或拖动渐变色条即可改变径向渐变的中心位置,如图5-45所示。

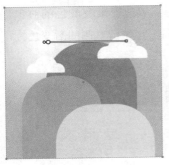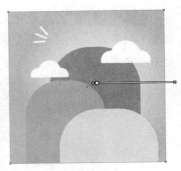

图 5-45　改变渐变中心

步骤 02　单击并拖曳渐变色条上的控制点，可以改变渐变色的方向、位置，并直观地调整渐变效果，如图 5-46 所示。

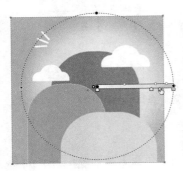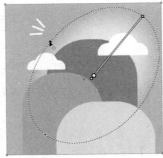

图 5-46　调整渐变效果

6. 将渐变扩展为图形

选择渐变对象，如图 5-47 所示。执行【对象】→【扩展】命令，打开【扩展】对话框，选中【填充】复选框，在【指定】文本框中输入数值，单击【确定】按钮，如图 5-48 所示。通过前面的操作，可将渐变扩展为指定数量的图形，如图 5-49 所示。

图 5-47　选择图形　　　图 5-48　【扩展】对话框　　　图 5-49　扩展效果

5.3.2　网格渐变的创建与编辑

网格渐变填充能够从一种颜色平滑过渡到另一种颜色，使对象产生多种颜色混合的效果，用户可以基于矢量对象创建网格对象。

1．创建渐变网格

网格由网格点、网格线和网格面片 3 个部分构成，在进行网格渐变填充前，必须首先创建网格，具体操作方法如下。

步骤 01　打开"素材文件\第 5 章\云朵 .ai"，选中网格对象，执行【对象】→【创建渐变网格】命令，弹出【创建渐变网格】对话框，在对话框中设置网格的行数、列数及外观，完成设置后单击【确定】按钮，如图 5-50 所示。网格效果如图 5-51 所示。

步骤 02　单击【网格工具】按钮 ，在网格点上选中网格，拖动控制点可以改变网格线的形状，在【色板】面板中可以设置网格点的颜色，如图 5-52 所示。

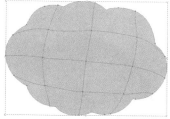
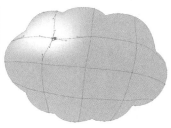

图 5-50　【创建渐变网格】对话框　　图 5-51　网格效果　　图 5-52　设置网络点的颜色

> **温馨提示**
>
> 在【创建渐变网格】对话框中的【外观】下拉列表框中，可以选择高光的方向，若选择"平淡色"选项，则会将对象的原色均匀地覆盖在对象表面，不产生高光；若选择"至中心"选项，则会在对象的中心创建高光；若选择"至边缘"选项，则会在对象的边缘处创建高光。

步骤 03　除了配合【Shift】键选中多个网格点以调整颜色外，用户还可以使用【直接选择工具】 选中一个或多个网格面片，如图 5-53 所示。然后通过颜色工具调整颜色，如通过【色板】面板调整颜色，如图 5-54 所示。

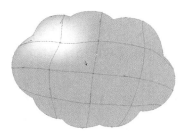
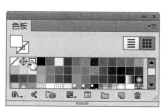

图 5-53　选择网格面片　　　　　　图 5-54　调整颜色

技 能 拓 展

使用【网格工具】 在图形上单击可以创建一个具有最低网格线数的网格对象。

2. 将渐变图形转换为渐变网格

使用渐变填充的图形可以转换为渐变网格对象。选择渐变对象，执行【对象】→【扩展】命令，打开【扩展】对话框，选择【填充】和【渐变网格】选项即可。

3. 增加网格线

【网格工具】 可以在网格渐变对象上增加网格线，增加网格线的具体操作方法如下。

单击【网格工具】按钮 ，在网格面片的空白处单击，如图 5-55 所示；可增加纵向和横向两条网格线，如图 5-56 所示；在网格线上单击，可增加一条平行的网格线，如图 5-57 所示。

  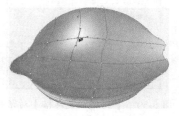

图 5-55　单击空白区域　　　图 5-56　增加两条网格线　　　图 5-57　增加一条网格线

4. 删除网格线

使用【网格工具】 在网格点或网格线上单击时，同时按住【Alt】键，可以删除相应的网格线。

5. 调整网格线

使用【网格工具】 或【直接选择工具】 单击并拖动网格面片，可移动其位置；使用【直接选择工具】 拖动网格单元，可调整区域位置；使用【直接选择工具】 选中网格点后，可拖动四周的调节点，调整控制线的形状，以影响渐变填充颜色。

6. 从网格对象中提取路径

将图形转换为渐变网格后，将不具有路径的属性。如果想保留图形的路径属性，可以从网格中提取对象原始路径。具体操作方法如下。

选择网格对象如图 5-58 所示，执行【对象】→【路径】→【偏移路径】命令，打开【偏移路径】对话框，设置【位移】为"0"，单击【确定】按钮，如图 5-59 所示。使用【选择工具】 将网格对象移动，即可看到与网格图形相同的路径，如图 5-60 所示。

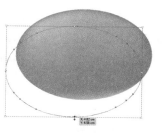

图 5-58 选择网格对象　　　图 5-59 【偏移路径】对话框　　　图 5-60 移动网格对象

课堂范例——制作苹果心

步骤 01　打开"素材文件 \ 第 5 章 \ 心形 .ai",选择心形图形,如图 5-61 所示。

步骤 02　在工具箱中单击【填色】按钮,在弹出的【拾色器】对话框中,设置填充为红色"#EB2662",单击【确定】按钮,如图 5-62 所示。填充效果如图 5-63 所示。

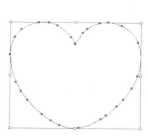

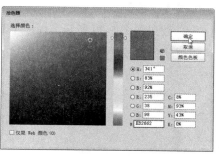

图 5-61 选择心形图形　　　图 5-62 【拾色器】对话框　　　图 5-63 填充红色效果

步骤 03　执行【对象】→【创建渐变网格】命令,在【创建渐变网格】对话框中设置【行数】为"5"、【列数】为"8",单击【确定】按钮,如图 5-64 所示。渐变网格如图 5-65 所示。

步骤 04　选择【网格工具】，调整渐变网格,如图 5-66 所示。

图 5-64 【创建渐变网格】对话框　　　图 5-65 创建渐变网格　　　图 5-66 调整渐变网格

步骤 05　选择【直接选择工具】，按住【Shift】键,依次单击选中下方的几个锚点,如图 5-67 所示。

步骤 06　单击工具箱中的【填色】按钮，在打开的【拾色器】对话框中，设置填充颜色为深红色"#D13D6C"，效果如图 5-68 所示。

步骤 07　选择【直接选择工具】 ，按住【Shift】键，依次选中上方的几个锚点，如图 5-69 所示。

图 5-67　选择锚点　　　　图 5-68　改变颜色　　　　图 5-69　选择锚点

步骤 08　单击工具箱中的【填色】按钮，在打开的【拾色器】对话框中，设置填充颜色为浅红色"# FF87AA"，效果如图 5-70 所示。使用【直接选择工具】 选中左侧网格面片，如图 5-71 所示。设置颜色为浅红色"# FF87AA"，效果如图 5-72 所示。

图 5-70　填充颜色　　　图 5-71　选中左侧网格面片　　图 5-72　改变填充颜色

步骤 09　使用【直接选择工具】 选中右侧网格面片，如图 5-73 所示。设置颜色为浅红色"# FF87AA"，效果如图 5-74 所示。选择【钢笔工具】 绘制叶片，如图 5-75 所示。

图 5-73　选中右侧网格面片　　　图 5-74　改变填充颜色　　　图 5-75　绘制叶片图形

步骤 10　在工具箱中单击【渐变】图标，如图 5-76 所示。在弹出的【渐变】对话框中，设置【类型】为"线性"，左侧图标【位置】为"20%"，如图 5-77 所示。左侧色标为深绿色"#69B535"，如图 5-78 所示。右侧色标为浅绿色"#B3F02D"，如图 5-79 所示。

图 5-76　工具箱

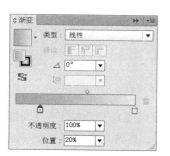

图 5-77　【渐变】对话框

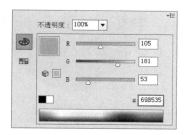

图 5-78　设置深绿色

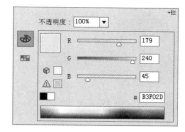

图 5-79　设置浅绿色

步骤 11　通过前面的操作，为树叶填充渐变色，如图 5-80 所示。执行【对象】→【扩展】命令，在【扩展】对话框中，勾选【填充】和【渐变网格】选项，单击【确定】按钮，如图 5-81 所示。

步骤 12　使用【网格工具】在绿叶上单击，创建渐变网格，如图 5-82 所示。使用【直接选择工具】选中中间的两个锚点，如图 5-83 所示。

图 5-80　渐变色效果

图 5-81　【扩展】对话框

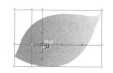

图 5-82　创建渐变网格

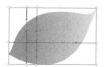

图 5-83　选中锚点

步骤 13　为锚点填充深绿色"#5AA35C"，如图 5-84 所示。使用【直接选择工具】
选中右上角的网格面片，如图 5-85 所示。填充浅绿色，如图 5-86 所示。

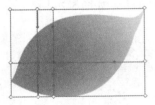
图 5-84　填充深绿色

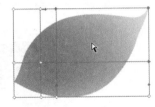
图 5-85　选中网格面片

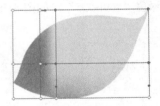
图 5-86　填充浅绿色

步骤 14　使用【直接选择工具】拖动锚点，调整填充效果，如图 5-87 所示。移
动树叶到适当位置，最终效果如图 5-88 所示。

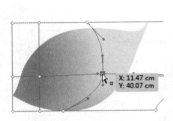
图 5-87　调整锚点

图 5-88　最终效果

5.4　图案填充和描边应用

Illustrator CC 内置大量的预设图案填充效果，这样不仅方便图案的填充，也方便图案的保存；在【描边】面板中，可以设置轮廓效果。

5.4.1　填充预设图案

图案填充的方式和单色填充相同，具体操作方法如下。

步骤 01　执行【窗口】→【色板】命令，打开【色板】面板，单击【色板】底部的
【"色板库"菜单】按钮，如图 5-89 所示。在弹出的菜单【图案】选项中，包括【基
本图形】、【自然】和【装饰】子菜单，选择【基本图形 _ 点】图案，如图 5-90 所示；【基
本图形 _ 点】面板，如图 5-91 所示。

步骤 02　打开"素材文件 \ 第 5 章 \ 相机 .ai"，选中需要填充的对象，如图 5-92 所示。
单击【基本图形 _ 点】面板中的"波浪形细网点"图案，如图 5-93 所示。图案填充效果
如图 5-94 所示。

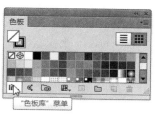

图 5-89 【色板】面板

图 5-90 色板库菜单

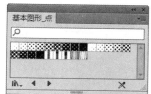

图 5-91 【基本图形_点】面板

图 5-92 选择图形

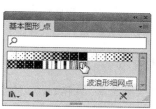

图 5-93 单击目标图案

图 5-94 图案填充效果

5.4.2 使用【描边】面板

使用【描边】面板可以控制线段的粗细、虚实、斜接限制和线段的端点样式等参数。执行【窗口】→【描边】命令，可以打开【描边】对话框，如图 5-95 所示，在该对话框中可以设置对象边线的各种参数。

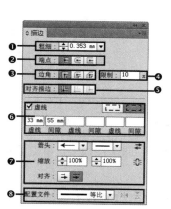

图 5-95 【描边】对话框

❶ 粗细	设置描边线条的宽度。该值越高，描边越粗
❷ 端点	设置开放式路径两个端点的形状
❸ 边角	设置直线路径中边角处的连接方式
❹ 限制	设置斜角的大小
❺ 对齐描边	如果对象是闭合的路径，可按下相应的按钮来设置描边与路径对齐的方式
❻ 虚线	在【虚线】文本框中设置虚线线段的长度，在【间隙】文本框中设置线段的间距
❼ 箭头	【缩放】选项可以调整箭头的缩放比例。按住➡按钮，箭头会超过到路径的末端；按下➡按钮，可以将箭头放置于路径的终点
❽ 配置文件	选择配置文件后，可以让描边的宽度发生变化

常见的描边效果如图 5-96 所示。

图 5-96　描边效果

📖 课堂范例——填充衣服花色

步骤 01　打开"素材文件 \ 第 5 章 \ 人物 .ai"，使用【选择工具】▶选中人物衣服，如图 5-97 所示。

步骤 02　在【色板】面板中单击【"色板库"菜单】按钮 ▥，如图 5-98 所示。在打开的快捷菜单中选择【基本图形 _ 纹理】选项，如图 5-99 所示。打开【基本图形 _ 纹理】面板，如图 5-100 所示。

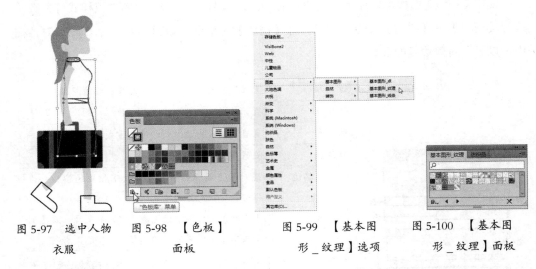

图 5-97　选中人物　　图 5-98　【色板】　　　　图 5-99　【基本图　　图 5-100　【基本图
　　衣服　　　　　　　面板　　　　　　　　形 _ 纹理】选项　　　　形 _ 纹理】面板

步骤 03　单击工具箱中的【填色】图标，在【基本图形 _ 纹理】面板中，单击【灌木丛】图案，如图 5-101 所示。

步骤 04　选择领口、腰带和鞋子图形，如图 5-102 所示。在【色板】面板中单击红色图案，如图 5-103 所示。填充效果如图 5-104 所示。

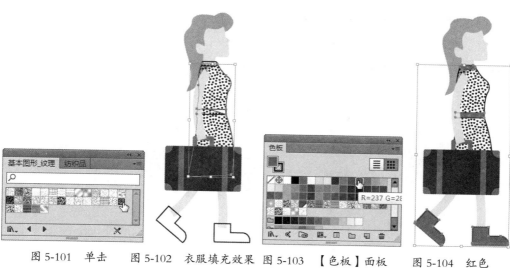

图 5-101　单击　　图 5-102　衣服填充效果　图 5-103　【色板】面板　　图 5-104　红色

【灌木丛】图案　　　　　　　　　　　　　　　　　　　　　　　　　　　　填充效果

步骤 05　　使用【选择工具】▶选择手臂图形，如图 5-105 所示。在【描边】面板
中单击【圆头端点】按钮 C，如图 5-106 所示。得到圆滑的手臂效果，如图 5-107 所示。

步骤 06　　使用【选择工具】▶选择手提箱，在【色板】面板中，更改颜色为深红色，
如图 5-108 所示。

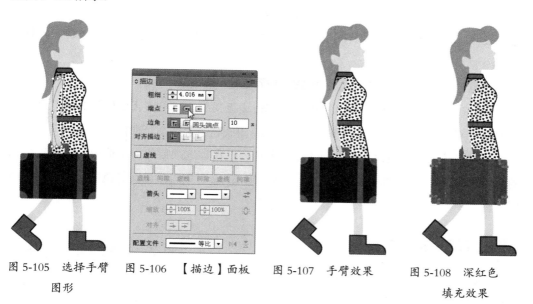

图 5-105　选择手臂　　图 5-106　【描边】面板　　图 5-107　手臂效果　　图 5-108　深红色

图形　　　　　　　　　　　　　　　　　　　　　　　　　　　　　　　　　填充效果

💬 课堂问答

通过本章内容的讲解，读者对 Illustrator CC 填充颜色和图案有了一定的了解，下面
列出一些常见的问题供学习参考。

问题 ❶：网格点和网格面片着色有什么区别？

答：在网格点上应用颜色时，颜色以该点为中心向外扩展，如图 5-109 所示。在网格面片上应用颜色时，颜色以该区域为中心向外扩散，如图 5-110 所示。

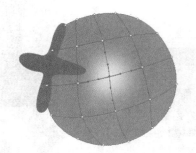

图 5-109　网格点上色

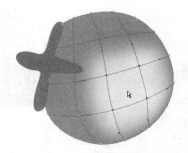

图 5-110　网格面片上色

温馨提示

　创建网格对象时，过于细密的网格会降低工作效率，所以最好创建多个简单的网格对象，不要创建一个过于复杂的网格对象。

问题 ❷：锚点与网格点的区别？

答：锚点不能上色，它只能起到编辑形状的作用，并且添加锚点也不会生成网格线，删除锚点也不会删除网格线。网格点是一种特殊锚点，它具有锚点的所有属性，并且还可以添加颜色。

问题 ❸：如何在【色板】面板中快速找到指定的颜色？

答：在【色板】面板中，可以根据名称快速查找颜色，单击【色板】面板右上角的扩展按钮 ，在弹出的下拉菜单中选择【显示查找栏位】选项，如图 5-111 所示。

此时，【色板】面板顶部出现【查找】选项，在该选项后的文本框中输入色板名称的起始字母，即可快速选择需要的颜色。例如，输入"绿"，则自动出现绿色色块，如图 5-112所示。

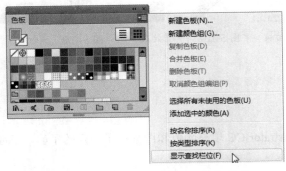

图 5-111　选择【显示查找栏位】选项

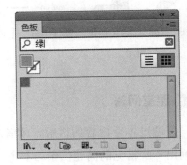

图 5-112　选择色块

上机实战——绘制八卦图形

通过本章内容的学习，为了让读者能巩固本章知识点，下面讲解一个技能综合案例，使读者对本章的知识有更深入的了解。

效果展示

效果

思路分析

八卦是我国古代的一套有象征意义的符号。用来象征各种自然现象和人事现象。后来用来占卜，制作八卦图形的具体操作方法如下。

本例首先使用【椭圆工具】◯绘制图形，然后创建实时上色组并填充颜色，最后添加渐变背景。添加投影后，完成制作。

制作步骤

步骤 01　新建空白文档，选择【椭圆工具】◯，按住【Shift】键拖动鼠标创建圆形，在选项栏中，设置【描边】粗细为"1mm"，如图 5-113 所示。

步骤 02　执行【视图】→【智能参考线】命令，启用智能参考线功能。使用【选择工具】▶，按住【Alt+Shift】组合键，拖动图形进行复制，如图 5-114 所示。

步骤 03　使用【椭圆工具】◯绘制一个大圆，如图 5-115 所示。

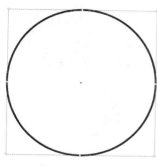

图 5-113　绘制图形

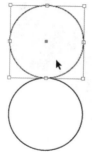

图 5-114　复制图形

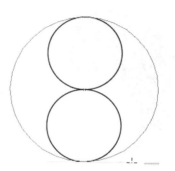

图 5-115　绘制大圆

步骤 04 更改大圆的【填色】为空，如图 5-116 所示。使用【选择工具】▶框选所有图形，执行【对象】→【实时上色】→【建立】命令，创建实时上色组，如图 5-117 所示。

步骤 05 在工具箱中，设置【填色】为黑色，在左侧单击填充颜色，如图 5-118 所示。

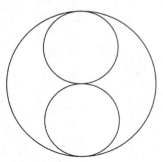

图 5-116　更改填色

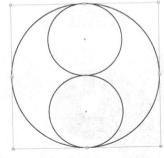

图 5-117　创建实时上色组

图 5-118　填充黑色

步骤 06 移动鼠标指针到上方的圆形，继续单击鼠标填充颜色，如图 5-119 所示。使用【实时上色选择工具】⬚选择线条，如图 5-120 所示。在工具箱中，更改【描边】为无，如图 5-121 所示。

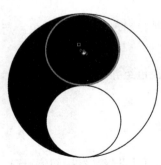

图 5-119　填充颜色

图 5-120　选择线条

图 5-121　删除描边

步骤 07 选择【椭圆工具】，按住【Alt+Shift】组合键，绘制正圆图形，如图 5-122 所示。为图形填充黑色，如图 5-123 所示。按【Alt】键，将图形拖动到上方，更改填充为白色，如图 5-124 所示。

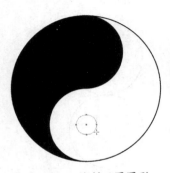

图 5-122　绘制正圆图形

图 5-123　填充颜色

图 5-124　复制图形

步骤08 选择【画板工具】 □，在选项栏中，单击【横向】按钮 ，将画板更改为横向，如图 5-125 所示。

步骤09 选择【矩形工具】 ，在画板中单击，在弹出的【矩形】对话框中设置【宽度】为 "297mm"、【高度】为 "210mm"，单击【确定】按钮，如图 5-126 所示。

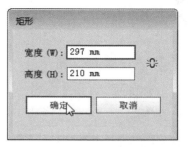

图 5-125 更改画板方向　　　　　　　　　图 5-126 【矩形】对话框

步骤10 通过前面的操作，在画板中绘制矩形，效果如图 5-127 所示。在工具箱中，单击【渐变】图标，如图 5-128 所示。

图 5-127 绘制矩形效果　　　　　　　　　图 5-128 【渐变】图标

步骤11 右击矩形，在弹出的快捷菜单中选择【排列】菜单下的【置于底层】命令，如图 5-129 所示。效果如图 5-130 所示。

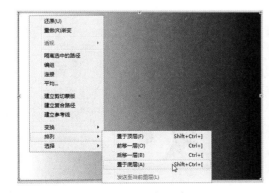

图 5-129 调整顺序　　　　　　　　　图 5-130 图形效果

步骤 12 在【渐变】面板中，设置【类型】为"径向"，双击左侧的渐变滑块，如图 5-131 所示。在弹出的颜色设置面板中，单击【色板】按钮，再单击黄色块，如图 5-132 所示。

图 5-131 【渐变】面板

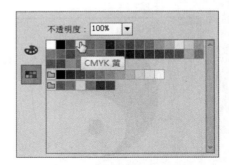

图 5-132 单击黄色块

步骤 13 返回【渐变】面板，双击右侧的渐变滑块，如图 5-133 所示。在弹出的颜色设置面板中，单击【色板】按钮，再单击橙色块，如图 5-134 所示。

图 5-133 双击右侧滑块

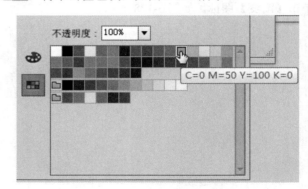

图 5-134 单击橙色块

步骤 14 在工具箱中，设置【填色】为白色，选择【实时上色工具】，在右侧单击，填充白色，如图 5-135 所示。选择【渐变工具】，拖动中间的滑块，调整渐变色，如图 5-136 所示。

图 5-135 填充白色

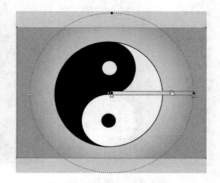

图 5-136 调整渐变色

步骤 15 执行【对象】→【变换】→【移动】命令，设置【水平】、【垂直】、【距离】、【角度】值均为0，单击【复制】按钮，在原位置复制图形。

步骤 16 使用【选择工具】选择八卦图形，如图 5-137 所示。执行【效果】→【风格化】→【投影】命令，在【投影】对话框中设置参数后，单击【确定】按钮，如图 5-138 所示。

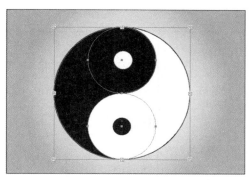

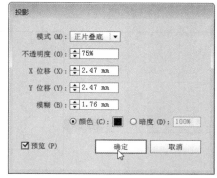

图 5-137 选择图形 　　　　　　　　　图 5-138 【投影】对话框

步骤 17 通过前面的操作，得到投影效果，如图 5-139 所示。使用【实时上色选择工具】选中大圆线段，如图 5-140 所示。

图 5-139 投影效果 　　　　　　　　　图 5-140 选择大圆线段

步骤 18 在工具箱中，更改【描边】为黄色"#FFF100"，如图 5-141 所示。使用【选择工具】选中下方的小圆，使用相同的方法添加投影，最终效果如图 5-142 所示。

图 5-141 更改描边颜色 　　　　　　　图 5-142 最终效果

⊕ **同步训练——制作蝴蝶卡通背景**

通过上机实战案例的学习，为了增强读者动手能力，下面安排一个同步训练案例，让读者达到举一反三、触类旁通的学习效果。

图解训练

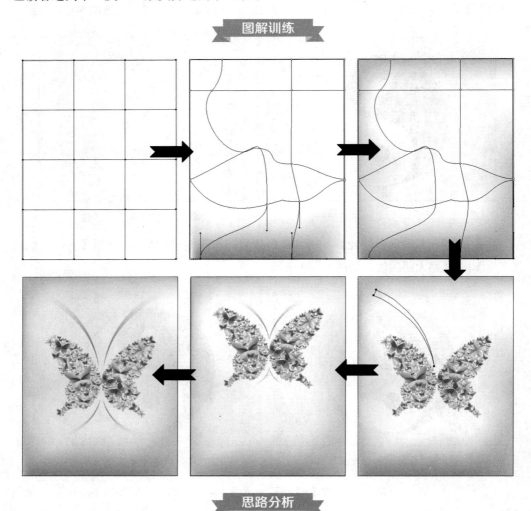

思路分析

渐变色的背景可以烘托画面，使主体图形更加鲜明，并突出画面的层次感，下面介绍如何制作蝴蝶卡通背景。

本例首先使用【矩形工具】■绘制背景形状，然后创建渐变网格，最后添加素材图形，完成制作。

关键步骤

步骤01 执行【文件】→【新建】命令，在弹出的【新建文档】对话框中，设置【宽度】为"600mm"、【高度】为"800mm"，单击【确定】按钮，如图 5-143 所示。

步骤 02　新建文件后，选择【矩形工具】 ，在画板中单击，在弹出的【矩形】对话框中，设置【宽度】为"600mm"、【高度】为"800mm"，单击【确定】按钮，如图 5-144 所示。

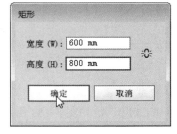

图 5-143　【新建文档】对话框　　　　　　图 5-144　【矩形】对话框

步骤 03　通过前面的操作，绘制矩形图形，如图 5-145 所示。执行【对象】→【创建渐变网格】命令，在弹出的【创建渐变网格】对话框中，设置【行数】为"4"、【列数】为"3"，单击【确定】按钮，如图 5-146 所示。渐变网格效果如图 5-147 所示。

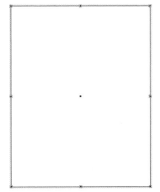
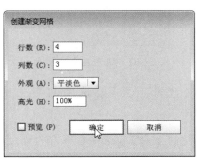
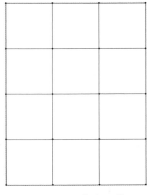

图 5-145　绘制矩形图形　　图 5-146　【创建渐变网格】对话框　　图 5-147　渐变网格

步骤 04　使用【直接选择工具】 拖动改变锚点的位置，调整网格形状，如图 5-148 所示。使用【直接选择工具】 选中下方的两个锚点，如图 5-149 所示。

步骤 05　单击工具箱的【填色】图标，在打开的【拾色器】对话框中，设置填充颜色为深蓝色"#3EA4D5"，如图 5-150 所示。

步骤 06　使用【直接选择工具】 选中左下方的两个锚点，填充浅蓝色"#BCCBE8"，如图 5-151 所示。

步骤 07　使用【直接选择工具】 选中左上方的 3 个锚点，填充紫红色

"#CDBBDB",如图 5-152 所示。

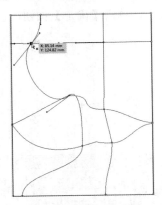

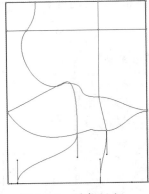
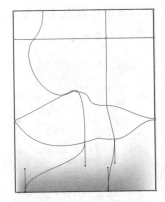

图 5-148　改变网格形状　　　　　图 5-149　选择锚点　　　　　图 5-150　填充颜色

步骤 08　使用【直接选择工具】选中右上方的两个锚点，填充浅蓝色 "#9FCFF0",如图 5-153 所示。

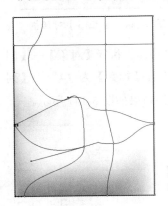
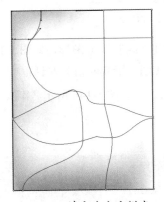
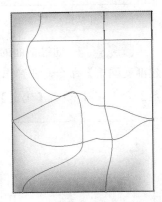

图 5-151　填充左下方锚点　　　图 5-152　填充左上方锚点　　　图 5-153　填充右上方锚点

步骤 09　使用【直接选择工具】选中右下方的两个锚点，填充粉红色 "#EEB9D1",如图 5-154 所示。

步骤 10　使用【直接选择工具】选中右下方的锚点，填充绿色 "#8FC6A2", 如图 5-155 所示。

步骤 11　打开"素材文件 \ 第 5 章 \ 蝴蝶 .ai",复制粘贴到当前文件中，移动到适当位置，如图 5-156 所示。

步骤 12　使用【钢笔工具】绘制路径，如图 5-157 所示。单击工具提示框的【渐变】图标，在弹出的【渐变】对话框中，设置【角度】为"128.1°",双击左侧的色标，如图 5-158 所示。在颜色设置面板中，设置颜色为蓝色"#00A0E9",如图 5-159 所示。

步骤 13　执行【对象】→【变换】→【对称】命令，在弹出的【镜像】对话框中，选中【垂直】单选按钮，设置【角度】为"90°",单击【复制】按钮，如图 5-160 所示。复制图形后，移动到适当位置，如图 5-161 所示。

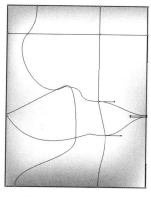

图 5-154　填充粉红色

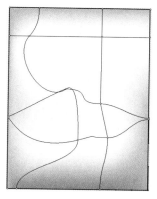

图 5-155　填充绿色

图 5-156　添加蝴蝶素材

图 5-157　绘制路径

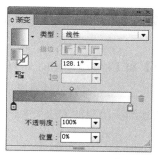

图 5-158　【渐变】对话框

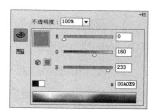

图 5-159　颜色设置面板

步骤 14　执行【对象】→【变换】→【对称】命令，在弹出的【镜像】对话框中，选中【水平】单选按钮，设置【角度】为"0°"，单击【复制】按钮，如图 5-162 所示。

图 5-160　【镜像】对话框

图 5-161　移动图形

图 5-162　【镜像】对话框

步骤 15　复制图形后，移动到适当位置，如图 5-163 所示。拖动右下方的控制点，适当缩小图形，如图 5-164 所示。适当调整细节，最终效果如图 5-165 所示。

图 5-163　移动图形　　　　图 5-164　缩小图形　　　　图 5-165　最终效果

知识能力测试

本章讲解了填充颜色和图案，为了对知识进行巩固和考核，布置相应的练习题。

一、填空题

1．双击工具箱中的【填色】和【描边】按钮，可以打开【拾色器】对话框，在对话框中，用户可以通过_____、_____等方式快速选择对象的填色或描边颜色。

2．在 Illustrator CC 中，创建渐变填充的方法很多，在渐变填充效果中较为常用的是_____和_____渐变。

3．网格由_____、_____和_____3 个部分构成，在进行网格渐变填充前，必须首先创建网格。

二、选择题

1．实时上色是通过路径将图形划分为多个上色区域，每一个区域都可以单独上色或描边，进行实时上色操作之前，需要创建（　　　　）。

　　A．路径　　　　　　　B．线性渐变　　　　C．上色组　　　　　　D．实色上色组

2．单击【网格工具】按钮，在网格面片的（　　　　）处单击，可增加纵向和横向两条网格线。

　　A．线段　　　　　　　B．曲线段　　　　　C．空白　　　　　　　D．轮廓

3．使用【网格工具】在网格点或网格线上单击时，同时按住（　　　　）键，可以删除相应的网格线。

　　A．【Ctrl】　　　　　B．【Alt】　　　　　C．【Esc】　　　　　D．【Shift】

三、简答题

1．什么是网格渐变填充？

2．怎么在网格渐变对象上增加网格线？

CC
ILLUSTRATOR

第 6 章
管理对象的基本方法

本章导读

　　填充图形对象后，需要调整单个或多个图形对象，使之变换到合适的大小和位置，符合页面的整体需要。本章将详细介绍 Illustrator CC 管理对象的基本方法，包括图形的对齐和分布、对象的排列方式、变换对象等。

学习目标

- 熟练掌握图形的排列和分布方法
- 熟练掌握图形的编组方法
- 熟练掌握图形的显示和隐藏方法
- 熟练掌握图形的变换方法

排列对象

当创建多个对象并要求对象排列精度较高时，使用鼠标拖动的方式很难精确对齐，执行 Illustrator CC 所提供的对齐和分布功能，会使整个绘制工作变得更加轻松。

6.1.1 图形的对齐和分布

执行【窗口】→【对齐】命令或按快捷键【Shift+F7】，打开【对齐】面板，【对齐】面板中集合了对齐和分布命令相关按钮，选择需要对齐或分布的对象，单击【对齐】面板中的相应按钮即可，如图 6-1 所示。

单击【对齐】面板右上角的扩展按钮 ，在弹出的快捷菜单中选择【显示 / 隐藏】选项，即可显示或隐藏面板中的【分布间距】栏，如图 6-2 所示。

图 6-1 【对齐】面板

图 6-2 显示【分布间距】栏

在【分布间距】栏中，包括【垂直间距分布】和【水平间距分布】按钮，通过这两个按钮可以依据选定的分布方式改变对象之间的分布距离。在设置对象间距时，可在文本框中输入合适的参数值。在【对齐】下拉列表框中，包括【对齐所选对象】、【对齐关键对象】、【对齐面板】3 个选项，用户可以根据需要，选择对齐的参照物。

1．图形的对齐

"对齐"操作可使选定的对象沿指定的方向轴对齐。沿着垂直方向轴，可使选定对象的最右边、中间和最左边的定位点与其他选定的对象对齐。

而沿着水平方向轴，可使选定对象的最上边、中间和最下边的定位点与其他选定的对象对齐，在【对齐对象】栏中，共有 6 种不同的对齐命令按钮。对齐效果如图 6-3 所示。

2．图形的分布

图形的分布是自动沿水平或垂直轴均匀地排列对象，或使对象之间的距离相等，精确地设置对象之间的距离，从而使对象的排列更为有序。

图 6-3　对齐图形对象

在一定条件下，它将起到与对齐功能相似的作用，在【分布对象】栏中，有 6 种分布方式，常用分布效果如图 6-4 所示。

图 6-4　分布图形对象效果

6.1.2　对象的排列方式

绘制对象时，默认以绘制的先后顺序进行排列的，在编辑对象时，会因为各种需要调整对象的先后顺序，使用排列功能可以改变对象的排列顺序。执行【对象】→【排列】命令下子菜单中的命令即可。

1．置于顶层

【置于顶层】命令可以将选定的对象移动到所有对象的最前面，具体操作方法如下。

选择对象后，执行【对象】→【排列】→【置于顶层】命令或按快捷键【Ctrl+Shift+】】，可以将选定的对象放到所有对象的最前面，如图6-5所示。

图6-5　置于顶层

2．前移一层或后移一层

使用【前移一层】命令或【后移一层】命令，可以将对象向前或向后移动一层，而不是所有对象的最前面或最后面，如图6-6所示。

图6-6　前移一层

3．置于底层

使用【置于底层】命令可以将选定的对象移动到所有对象的最后面，如图6-7所示。它的作用与【置于顶层】命令刚好相反。

图6-7　置于底层

温馨
提示

選定对象后右击，在弹出的快捷菜单中选择【排列】子菜单中的子命令也可调整对象的排列方式。

📖 课堂范例——调整杂乱图形

步骤 01　打开"素材文件\第6章\节日彩带.ai"，如图6-8所示。使用【选择工具】⚫，按住【Shift】键，依次选中所有粉红色彩带，如图6-9所示。

图6-8　素材图形

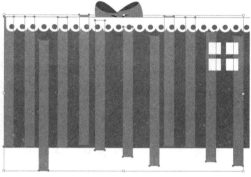

图6-9　选中所有粉红色彩带

步骤 02　在【对齐】面板中，单击右下角的【对齐】按钮▨下拉列表框，选择【对齐关键对象】选项，如图6-10所示。选择第一个对象，该对象变为高亮边框显示，如图6-11所示。

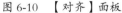

图6-10　【对齐】面板

图6-11　选择关键对象

步骤 03　在【对齐】面板中，单击【垂直底对齐】按钮▣，如图6-12所示。通过前面的操作，自动底对齐关键对象，如图6-13所示。

步骤 04　选择最右侧的粉色图形，按住【Shift】键加选下方的红色底图，如图6-14所示。在【对齐】面板中，单击【水平右对齐】按钮▤，通过前面的操作，自动底对齐关键对象，如图 6-15 所示。

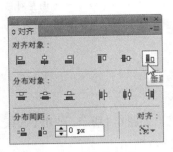

图 6-12　垂直底对齐

图 6-13　垂直底对齐效果

图 6-14　加选下方的红色底图

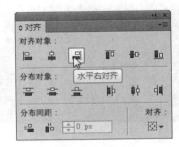

图 6-15　水平右对齐

步骤 05　水平右对齐效果如图 6-16 所示。拖动【选择工具】选择粉色图形和红色底图，按住【Shift】键减选下方的红色底图，如图 6-17 所示。

图 6-16　水平右对齐效果

图 6-17　减选下方的红色底图

步骤 06　在【对齐】面板中，单击【水平右对齐】按钮，如图 6-18 所示。通过前面的操作，水平居中分布粉红色图形，如图 6-19 所示。

步骤 07　选择上方的白色和红色圆图形，按【Ctrl+G】组合键群组图形，按住【Shift】键，加选下方的红色底图，如图 6-20 所示。在【对齐】面板中，单击【水平左对齐】按钮，如图 6-21 所示。

步骤 08　通过前面的操作，水平左对齐图形，如图 6-22 所示。使用【选择工具】选中所有图形，按【Ctrl+G】组合键群组图形，如图 6-23 所示。

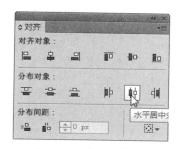

图 6-18　【对齐】面板

图 6-19　水平居中分布图形

图 6-20　选择图形

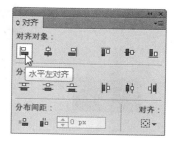

图 6-21　水平左对齐

图 6-22　水平左对齐效果

图 6-23　选中所有图形

步骤 09　在【对齐】面板中，单击右下角的【对齐】按钮下拉列表框，选择【对齐画板】选项，如图 6-24 所示。单击【水平居中对齐】按钮，如图 6-25 所示。

步骤 10　通过前面的操作，使对象在画板中，水平居中对齐，如图 6-26 所示。在【对齐】面板中，单击【垂直居中对齐】按钮，如图 6-27 所示。对象在画板中垂直居中对齐，如图 6-28 所示。

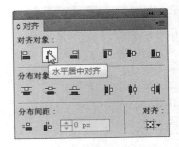

图 6-24　对齐画板　　　　　　　　　图 6-25　水平居中对齐

图 6-26　水平居中对齐面板效果　　　图 6-27　垂直居中对齐　图 6-28　垂直居中对齐面板效果

6.2 编组、锁定和隐藏 / 显示对象

在 Illustrator CC 中，可以将多个图形对象进行编组，或者对图形对象进行锁定、显示或隐藏操作。

6.2.1　对象编组

对象编组后，图形对象将像单一对象一样，可以任由用户移动、复制或进行其他操作。使用【选择工具】 选中需要编组的图形对象，执行【对象】→【编组】命令或按【Ctrl+G】组合键，即可快速对选中的对象进行编组，如图 6-29 所示。

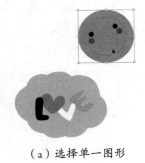

（a）选择单一图形　　　　　　（b）选择单一图形　　　　　　（c）群组图形

图 6-29　单一和群组图形

6.2.2　对象的隐藏和显示

使用【隐藏】命令可以隐藏对象，防止误操作，隐藏对象的具体操作方法如下。

步骤 01　使用【选择工具】 ▶ 选择需要隐藏的图形对象，如图 6-30 所示。

步骤 02　执行【对象】→【隐藏】→【所选对象】命令或者按【Ctrl+3】组合键，即隐藏所选对象，如图 6-31 所示。

图 6-30　选择图形　　　　　　　　　　　图 6-31　隐藏所选对象

技 能 拓 展

执行【对象】→【隐藏】命令，可以展开子菜单，在子菜单中选择相应命令，可以隐藏指定对象，如图 6-32 所示。执行【对象】→【显示全部】命令，可以显示所有隐藏对象。

所选对象	隐藏选择的对象
上方所有图稿	隐藏选定对象上层所有对象
其他图层	隐藏选定对象所在图层外的其他图层对象

```
隐藏(H)            ▶    所选对象        Ctrl+3
显示全部     Alt+Ctrl+3    上方所有图稿(A)
扩展(X)...               其它图层(O)
```

图 6-32　选择【隐藏】命令

6.2.3　锁定与解锁对象

如果想让一个特定的图形对象保持位置、外形不变，防止对象被错误地编辑，可以将对象进行锁定，锁定与解锁对象的具体操作方法如下。

步骤 01　选择需要锁定的图形对象，如图 6-33 所示。

步骤 02　执行【对象】→【锁定】→【所选对象】命令或者按【Ctrl+2】组合键，将图形对象锁定，使用【选择工具】 ▶ 框选所有对象，如图 6-34 所示；锁定的图形将不能进行选择或编辑，如图 6-35 所示。

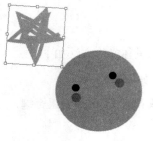
图 6-33　选中对象

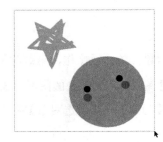
图 6-34　框选所有对象

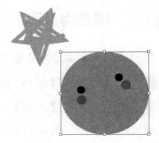
图 6-35　未能选中锁定对象

技 能 拓 展

　　执行【对象】→【锁定】命令，可以展开子菜单，在子菜单中选择相应命令，可以锁定指定对象，如图 6-36 所示。

图 6-36　选择【锁定】命令

所选对象	锁定选定的对象
上方所有图稿	锁定选定对象上层所有对象
其他图层	锁定选定对象所在图层外的其他图层对象

6.3　变换对象

　　Illustrator CC 中，可以对图形进行缩放、旋转、镜像、倾斜等变换操作，变换是图形对象常用的一种编辑方式。

6.3.1　缩放对象

　　在选择图形对象后，用户可以根据页面整体效果和需要，缩放图形对象。下面介绍几种常用的操作方法。

1．使用【选择工具】缩放对象

　　使用【选择工具】选中需要调整的图形对象，图像外框会出现 8 个控制点，将鼠标指针移动到需要调整的控制点上。单击并拖曳即可进行图形的缩放，释放鼠标后，即可放大或者缩小对象，操作如图 6-37 所示。

2．使用【比例缩放工具】缩放对象

　　使用【选择工具】选中需要调整的图形对象，单击【比例缩放工具】按钮，在画板中单击确定变换中心点位置。此时鼠标指针变为▲形状，拖动鼠标左键进行缩放操作，释放鼠标后，即可放大或者缩小对象，操作过程如图 6-38 所示。

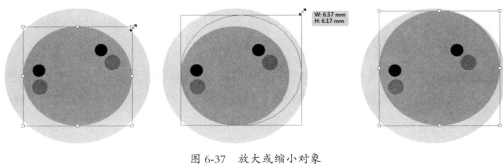

图 6-37 放大或缩小对象

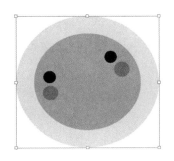 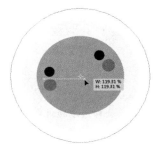 

图 6-38 比例缩放图形

双击【比例缩放工具】按钮 或按住【Alt】键，在画板中单击，会弹出【比例缩放】对话框，该对话框各选项的含义如图 6-39 所示。

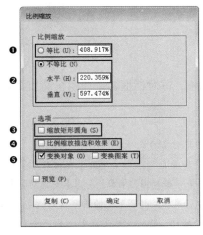

❶ 等比	设置等比缩放数值
❷ 不等比	勾选该单选按钮后，可以输入【水平】和【垂直】缩放值
❸ 缩放矩形圆角	勾选该复选框后，可以将矩形圆角按比例一起缩放
❹ 比例缩放描边和效果	勾选该复选框后，可以将图形的描边粗细和效果一起缩放
❺ 变换对象 / 变换图案	选择【变换对象】时，仅缩放图形；选择【变换图案】时，仅缩放图形填充图案。两项同时选择时，对象和图案会同时缩放，但描边和效果比例不会改变

图 6-39 【比例缩放】对话框

6.3.2 旋转对象

旋转是指对象绕着一个固定点进行转动。可以使用【选择工具】▶ 和【旋转工具】◯ 进行对象旋转。

1. 使用【选择工具】▶ 旋转对象

使用【选择工具】▶ 选中需要调整的图形对象。移动鼠标指针到控制点上，当鼠标指针变为↻ 形状时，拖曳鼠标到适当位置，释放鼠标后，即可将选中的对象进行旋转，操作过程如图 6-40 所示。

图 6-40　旋转选中的对象图形

2. 使用【旋转工具】◯ 旋转对象

选中需要旋转的对象后，单击【旋转工具】按钮◯，在画板中单击能够重新设置旋转的轴心位置，此时鼠标指针变为▶ 形状，这时单击并拖动鼠标指针进行旋转，操作过程如图 6-41 所示。

图 6-41　旋转图形

双击【旋转工具】按钮◯，会弹出【旋转】对话框，该对话框各选项的含义如图 6-42 所示。

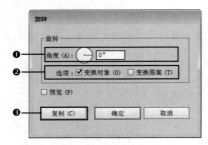

❶ 角度	指定图形对象的旋转角度
❷ 选项	设置旋转的目标对象，勾选【变换对象】复选框，表示旋转图形对象；勾选【变换图案】复选框，表示旋转图形中的图案填充
❸ 复制	单击该按钮，将按所选参数复制出一个旋转对象

图 6-42　【旋转】对话框

6.3.3 镜像对象

使用【镜像工具】 可以准确地实现对象的翻转效果，它是使选定的对象以一条不可见轴线为参照进行翻转，具体操作方法如下。

选中对象后，单击工具箱中的【镜像工具】按钮 ，在画板中单击轴中心位置，接着在画板中拖动即可镜像对象，如图 6-43 所示。

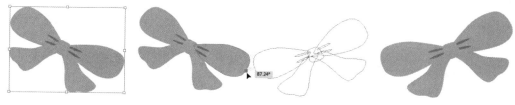

图 6-43   镜像图形

双击【镜像工具】按钮 ，会弹出【镜像】对话框，该对话框各选项的含义如图 6-44 所示。

❶ 水平	勾选【水平】单选按钮，表示图形以水平轴线为基础进行镜像，即图形进行上下镜像
❷ 垂直	勾选【垂直】单选按钮，表示图形以垂直轴线为基础进行镜像，即图形进行左右镜像
❸ 角度	勾选【角度】单选按钮，在右侧的文本框中输入数值，指定镜像参考值与水平线的夹角，以参考轴为基础进行镜像

图 6-44   【镜像】对话框

6.3.4 倾斜对象

倾斜是使图形对象产生倾斜变换，常用于制作立体效果图，选中对象后，单击【倾斜工具】按钮 ，在面板中单击定义倾斜中心点，接着在画板中拖动即可倾斜对象，如图 6-45 所示。

图 6-45   倾斜对象

双击【倾斜工具】按钮 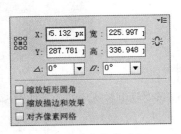，可以打开【倾斜】对话框，在对话框中可以设置角度、倾斜中心轴以及倾斜对象等参数。

6.3.5 【变换】面板

旋转、缩放、倾斜等变换操作，都可以通过【变换】面板进行操作。使用【选择工具】选中对象后，执行【窗口】→【变换】命令或者单击选项栏中的变换按钮，可以打开【变换】面板，如图 6-46 所示。单击右上角的按钮，可以打开面板菜单，如图 6-47 所示。

图 6-46　【变换】面板

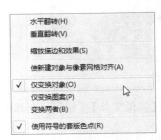

图 6-47　【变换】面板菜单

6.3.6 【分别变换】面板

【分别变换】面板集中了缩放、移动、旋转和镜像等多个变换操作，可以同时应用这些变换。

执行【对象】→【变换】→【分别变换】命令，弹出【分别变换】面板，如图 6-48 所示。使用【分别变换】命令，可以对多个对象同时应用变换操作，实现多个对象以各自为中心，进行缩放、移动、旋转等操作，还可以为多个对象设置随机缩放的效果，如图 6-49 所示。

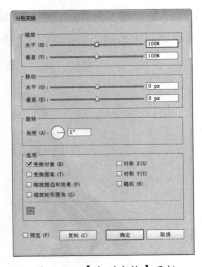

图 6-48　【分别变换】面板

图 6-49　分别变换效果

按【Alt+Shift+Ctrl+D】组合键，可以快速打开【分别变换】面板。

6.3.7　自由变换

【自由变换工具】 是一个综合变换工具，可以对图形进行移动、旋转、缩放、扭曲和透视变形。

1．倾斜变形

使用【选择工具】 选择图形对象，选择【自由变换工具】 ，移动鼠标到边角控制点上，按住【Ctrl】键的同时，拖动鼠标左键，可以倾斜对象。

2．斜切变形

使用【选择工具】 选择图形对象，选择【自由变换工具】 ，移动鼠标到边角控制点上，按住【Alt+Ctrl】组合键的同时，拖动鼠标左键，可以产生斜切变换对象。

3．透视变形

使用【选择工具】 选择图形对象，选择【自由变换工具】 ，移动鼠标到边角控制点上，按住【Alt+Shift+Ctrl】组合键的同时，拖动鼠标左键，可以透视变换对象。

6.3.8　再次变换

应用变换操作后，执行【对象】→【变换】→【再次变换】命令，可以再次重复变换操作。按【Ctrl+D】组合键，也可以重复变换操作。

课堂范例——绘制旋转图形

步骤 01　按【Ctrl+N】组合键或执行【新建文档】命令，在弹出的【新建文档】对话框中，设置【宽度】和【高度】为"200mm"，单击【确定】按钮，如图 6-50 所示。

步骤 02　选择【椭圆工具】 ，在画板中拖动鼠标绘制椭圆图形，如图 6-51 所示。单击工具箱中的【描边】图标，在【色板】面板中，单击黄色色块，更改描边颜色，如图 6-52 所示。

步骤 03　在【色板】面板中，单击左上角的【填色】图标，单击"植物"图案，如图 6-53 所示。通过前面的操作，得到图形填充和描边效果，如图 6-54 所示。

步骤 04　使用【选择工具】 选择图形，单击【旋转工具】按钮 ，在图形中，拖动变换中心点到下方，如图 6-55 所示。

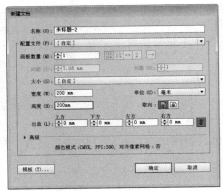  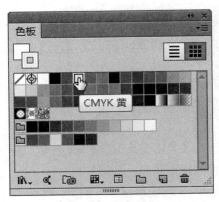

图 6-50　【新建文档】对话框　图 6-51　绘制椭圆　图 6-52　更改描边颜色

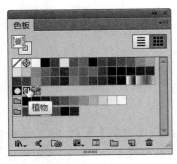  

图 6-53　【色板】面板　图 6-54　图形填充和描边效果　图 6-55　移动变换中心点

步骤 05　按住【Alt】键，拖动旋转并复制图形，如图 6-56 所示。效果如图 6-57 所示。按【Ctrl+D】组合键 11 次，再次变换并复制图形 11 次，如图 6-58 所示。

图 6-56　拖动复制图形　图 6-57　复制图形效果　图 6-58　再次变换并复制效果

步骤 06　选中所有图形，按【Ctrl+G】组合键群组图形，如图 6-59 所示。执行【对象】→【变换】→【比例缩放】命令，设置【等比】为"125%"，勾选【变换对象】和【变换图案】复选框，单击【复制】按钮，单击【确定】按钮，如图 6-60 所示。比例缩放效果如图 6-61 所示。

图 6-59　群组图形　　　　图 6-60　【比例缩放】对话框　　　图 6-61　比例缩放效果

课堂问答

通过本章内容的讲解，读者对 Illustrator CC 管理对象的基本方法有了一定的了解，下面列出一些常见的问题供学习参考。

问题❶：多个编组对象可以组合成一个新的群组对象吗？如何取消对象群组？

答：多个群组对象还可以是嵌套结构，也就是说，组对象可以被编组到其他对象或组中，形成更大的组对象；选择群组对象后单击鼠标右键，在弹出的快捷菜单中选择【取消编组】命令或者按【Ctrl+Shift+G】组合键，即可取消编组。

问题❷：如何重置定界框？

答：应用变换命令后，图形定界框会随着图形变换而变换，如图 6-62 所示。如果想将定界框还原为原始状态，可以执行【对象】→【变换】→【重置定界框】命令，如图 6-63 所示。

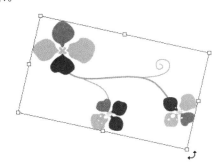
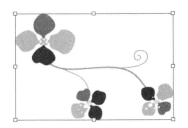

图 6-62　定界框发生旋转　　　　　　图 6-63　重置定界框效果

问题❸：如何制作分形图形？

答：分形艺术是一个形状，可以细分为若干部分，而每一部分都是整体的相似形，制作分形图形的具体操作方法如下。

步骤 01　打开"素材文件 \ 第 6 章 \ 花朵 .ai"，如图 6-64 所示。

步骤 02　执行【效果】→【扭曲和变换】→【变换】命令，在打开的【变换效果】

对话框中，设置【水平】和【垂直】均为"90%"、【角度】为"10°"，变换参考点为左下点，【副本】为"40"，单击【确定】按钮，如图 6-65 所示。通过前面的操作，得到最终效果如图 6-66 所示。

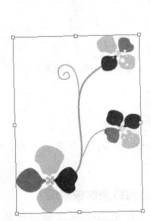

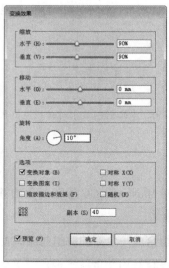

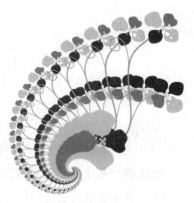

图 6-64　素材图形　　　　图 6-65　【变换效果】对话框　　　　图 6-66　最终效果

📷 **上机实战——制作童趣旋转木马**

通过本章内容的学习，为了让读者能巩固本章知识点，下面讲解一个技能综合案例，使读者对本章的知识有更深入的了解。

效果展示

思路分析

旋转木马是小孩子非常喜欢的玩具，它充满了童趣和喜悦的气氛，下面介绍如何制作旋转木马图形。

　　本例首先使用【星形工具】☆绘制装饰图形，然后添加素材图形，并水平镜像复制图形，最后制作轴线，完成制作。

制作步骤

步骤 01　打开"素材文件 \ 第 6 章 \ 房子 .ai"，如图 6-67 所示。

步骤 02　选择【星形工具】☆，在画板中单击，在弹出的【星形】对话框中，设置【半径 1】为"12px"、【半径 2】为"6px"、【角点数】为"5"，单击【确定】按钮，如图 6-68 所示。为星形填充红色"#E64424"，效果如图 6-69 所示。

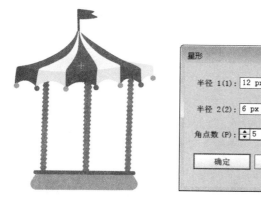
图 6-67　素材图形

图 6-68　【星形】对话框

图 6-69　绘制星形

步骤 03　选择星形，按住【Alt】键拖动复制图形，如图 6-70 所示。按【Ctrl+D】组合键 4 次，继续复制星形，效果如图 6-71 所示。

图 6-70　复制星形

图 6-71　继续复制星形

步骤 04　拖动右侧的星形到适当位置，如图 6-72 所示。使用【选择工具】▶，按住【Shift】键，选中所有星形，如图 6-73 所示。

图 6-72　移动星形

图 6-73　选择所有星形

步骤 05　在【对齐】面板中，设置【对齐】为"对齐所选对象"，单击【水平居中分布】按钮▮▮，如图 6-74 所示。效果如图 6-75 所示。

图 6-74 【对齐】面板

图 6-75 水平居中分布图形

步骤 06 执行【对象】→【变换】→【分别变换】命令，在弹出的【分别变换】对话框中，设置【水平】和【垂直】均为"90%"，勾选【随机】复选框，单击【确定】按钮，如图 6-76 所示。

步骤 07 通过前面的操作，随机缩小多个星形，效果如图 6-77 所示。

图 6-76 【分别变换】对话框

图 6-77 随机缩小效果

步骤 08 选择【椭圆工具】，拖动鼠标绘制椭圆图形，填充灰色"#DFDBD2"，如图 6-78 所示。执行【对象】→【排列】→【置于底层】命令，将椭圆图形置于底层作为投影，如图 6-79 所示。打开"素材文件\第 6 章\木马 .ai"，复制粘贴到当前文件中，如图 6-80 所示。

图 6-78 绘制椭圆图形

图 6-79 调整对象顺序

图 6-80 添加木马素材

步骤 09　按住【Alt】键拖动复制图形两次，使用【选择工具】选中中间的木马图形，执行【对象】→【取消编组】命令，如图 6-81 所示。

步骤 10　使用【选择工具】选中木马身体图形，填充为浅黄色"# DFDBD2"，如图 6-82 所示。打开"素材文件 \ 第 6 章 \ 气球 .ai"，复制粘贴到当前文件中，如图 6-83 所示。

图 6-81　复制木马图形　　图 6-82　更改木马身体颜色　　图 6-83　添加气球素材

步骤 11　按住【Alt】键，拖动复制气球图形，如图 6-84 所示。更改气球颜色为橙色"#E5A023"，拖动右上角的控制点，适当放大图形，如图 6-85 所示。

图 6-84　复制气球图形　　　　图 6-85　放大和更改气球颜色

步骤 12　按住【Alt】键，继续拖动复制多个气球，如图 6-86 所示。执行【对象】→【变换】→【分别变换】命令，设置【水平】和【垂直】均为"50%"、【角度】为"10°"，勾选【随机】复选框，单击【确定】按钮，如图 6-87 所示。分别变换效果如图 6-88 所示。

步骤 13　选择中间的两个气球，更改颜色为绿色"#62A4A1"，如图 6-89 所示。使用【选择工具】选中所有气球，如图 6-90 所示。选择【镜像工具】，按住【Alt+Shift】组合键，在画板中心位置单击，确定镜像轴，如图 6-91 所示。

步骤 14　释放鼠标，弹出【镜像】对话框，设置【轴】为"垂直"，单击【复制】按钮，如图 6-92 所示。

图 6-86　复制气球图形

图 6-87　【分别变换】对话框

图 6-88　分别变换效果

图 6-89　更改气球颜色

图 6-90　选中所有气球

图 6-91　定义镜像轴

步骤 15　使用【选择工具】 选中所有气球，选择【镜像工具】 ，在画板中心位置单击，确定镜像轴，如图 6-93 所示。

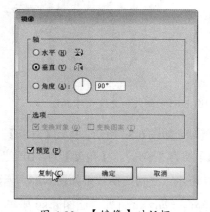
图 6-92　【镜像】对话框

图 6-93　镜像效果

步骤 16　选择【矩形工具】 ，绘制矩形图形，填充红色"#E64424"，如图 6-94 所示。绘制与红色矩形相同高度，宽度为"30px"的矩形，填充浅黄色"#F2DABC"，如图 6-95 所示。

图 6-94 绘制红色矩形　　　　图 6-95 绘制黄色矩形

步骤 17 选择【倾斜工具】 ，拖动倾斜变换图形，如图 6-96 所示。执行【对象】→【变换】→【移动】命令，设置【水平】为 "45px"，单击【复制】按钮，如图 6-97 所示。通过前面的操作，复制图形，如图 6-98 所示。

图 6-96 倾斜变换　　　　图 6-97 【移动】对话框　　　　图 6-98 移动复制图形

步骤 18 按【Ctrl+D】组合键 11 次，多次移动复制图形，效果如图 6-99 所示。选择【椭圆工具】 ，在画板中单击，在弹出的【椭圆】对话框中，设置【宽度】和【高度】为 "8.5px"，设置完成后单击【确定】按钮。绘制圆形对象，填充橙色 "#E5A023"，如图 6-100 所示。

图 6-99 多次移动复制图形

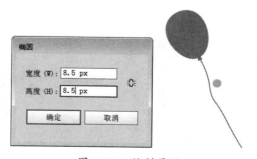

图 6-100 绘制圆形

步骤 19　执行【对象】→【变换】→【移动】命令，设置【水平】为"25.5px"，单击【复制】按钮，如图 6-101 所示。按【Ctrl+D】组合键 21 次，复制图形，效果如图 6-102 所示。

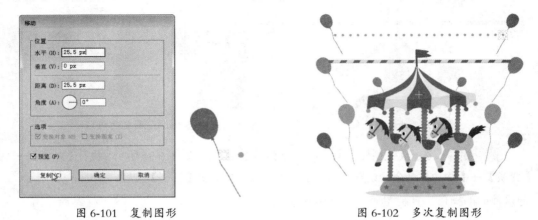

图 6-101　复制图形　　　　　　　　　　　图 6-102　多次复制图形

同步训练——制作精美背景效果

通过上机实战案例的学习，为了增强读者动手能力，下面安排一个同步训练案例，让读者达到举一反三、触类旁通的学习效果。

图解训练

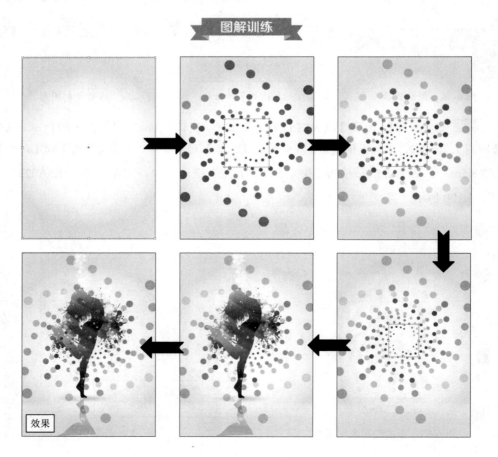

设计广告或宣传单时，使用精美的背景可以使视觉更加突出，制作精美背景的具体操作方法如下。

本例首先使用【矩形工具】■绘制图形，然后为背景填充渐变色；再绘制装饰图案，并使用【变换】和【缩放】命令复制装饰图案，最后添加素材人物，并调整对象层次，完成制作。

步骤 01　按【Ctrl+N】组合键或执行【新建文档】命令，在弹出的【新建文档】对话框中，设置【宽度】为"297mm"、【高度】为"420mm"，单击【确定】按钮，如图 6-103 所示。

步骤 02　选择【矩形工具】■，在画板中单击，在弹出的【矩形】对话框中，设置【宽度】为"29.7cm"、【高度】为"42cm"，单击【确定】按钮，绘制矩形，如图 6-104 所示。

图 6-103　【新建文档】对话框

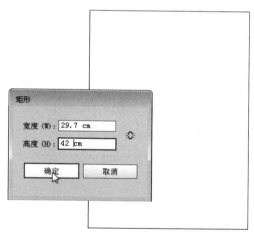

图 6-104　绘制矩形对象

步骤 03　在工具箱中，单击【渐变】图标，在【渐变】对话框中，设置【类型】为"径向"，角度为"0°"，双击右侧色标，如图 6-105 所示。

步骤 04　在弹出的颜色设置面板中单击【颜色】按钮，设置颜色为粉红色"#F9DCE9"，如图 6-106 所示。单击渐变滑块，设置【位置】为"80%"，如图 6-107 所示。

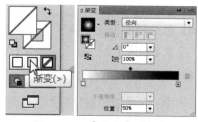

图 6-105　【渐变】对话框

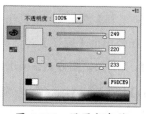

图 6-106　设置颜色值

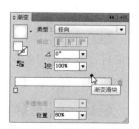

图 6-107　单击渐变滑块

步骤 05　通过前面的操作，得到渐变填充效果，如图 6-108 所示。使用【矩形工具】█
绘制图形，如图 6-109 所示。在【渐变】对话框中，设置【类型】为"线性"、【角度】
为"-90°"、【渐变色】为白粉红"#F9DCE9"，设置【渐变滑块】的【位置】为"19%"，
如图 6-110 所示。

图 6-108　渐变填充效果

图 6-109　绘制矩形

图 6-110　【渐变】对话框

步骤 06　通过前面的操作，得到渐变填充效果，如图 6-111 所示。选择【椭圆工具】
█，在画板中单击，在弹出的【椭圆】对话框中，设置【宽度】和【高度】为"0.42cm"，
单击【确定】按钮，如图 6-112 所示。通过前面的操作，绘制正圆并填充橙色"#F29600"，
如图 6-113 所示。

图 6-111　渐变填充效果

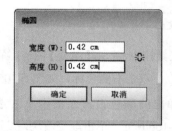

图 6-112　【椭圆】对话框

图 6-113　绘制正圆

步骤 07　选择【旋转工具】█，按住【Alt+Shift】组合键，拖动变换中心点到适
当位置，如图 6-114 所示。在弹出的【旋转】对话框中，设置【角度】为"60"，单击【复
制】按钮，再单击【确定】按钮，如图 6-115 所示。复制图形效果如图 6-116 所示。

步骤 08　按【Ctrl+D】组合键 4 次，多次复制旋转图形，效果如图 6-117 所示。选择
【旋转工具】█，移动鼠标到右上角，适当旋转图形，如图 6-118 所示。

图 6-114　移动旋转中心点　　　图 6-115　【旋转】对话框　　　图 6-116　复制图形

步骤 09　分别选择图形，更改颜色为橙色"#F29600"、洋红"#E3007F"和绿色
"#009844"，效果如图 6-119 所示。

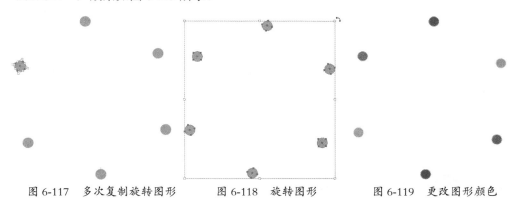

图 6-117　多次复制旋转图形　　　图 6-118　旋转图形　　　图 6-119　更改图形颜色

步骤 10　使用【选择工具】框选所有图形，按【Ctrl+G】组合键群组图形，如
图 6-120 所示。

步骤 11　执行【效果】→【扭曲和变换】→【变换】命令，在打开的【变换效果】
对话框中，设置【水平】和【垂直】均为"115%"，【角度】为"15°"，以变换参考点
为中点，【副本】为"9"，单击【确定】按钮，如图 6-121 所示。通过前面的操作，得到
效果如图 6-122 所示。

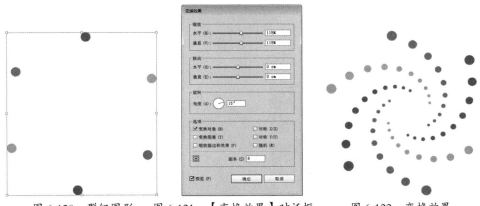

图 6-120　群组图形　　　图 6-121　【变换效果】对话框　　　图 6-122　变换效果

步骤 12 执行【对象】→【变换】→【缩放】命令，打开【比例缩放】对话框，设置【等比】为"150%"，单击【复制】按钮，如图 6-123 所示。

步骤 13 再次执行【对象】→【变换】→【缩放】命令，打开【比例缩放】对话框，设置【等比】为"50%"，单击【复制】按钮，如图 6-124 所示。

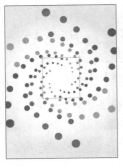

图 6-123 复制图形

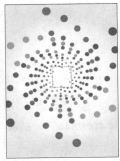

图 6-124 继续复制图形

步骤 14 选择最外层的复制图形，在【透明度】面板中更改【不透明度】为"30%"，如图 6-125 所示。更改不透明度效果如图 6-126 所示。

图 6-125 【透明度】面板 1

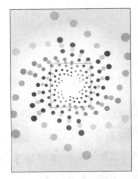

图 6-126 更改不透明度效果 1

步骤 15 选择最中间层的复制图形，在【透明度】面板中，更改【不透明度】为"50%"，如图 6-127 所示。更改不透明度效果如图 6-128 所示。

图 6-127 【透明度】面板 2

图 6-128 更改不透明度效果 2

步骤 16 打开"素材文件 \ 第 6 章 \ 舞蹈 .ai"，复制粘贴到当前文件中，如图 6-129 所示。在选项栏中，单击【对齐】按钮，在下拉列表框中，选择【对齐面板】选项，单击【水平居中对齐】按钮和【垂直顶对齐】按钮，如图 6-130 所示。

图 6-129　添加素材

图 6-130　对齐图形

步骤 17 通过前面的操作，对齐图形，效果如图 6-131 所示。右击图形，在打开的快捷菜单中，选择【排列】子菜单中的【后移一层】命令，如图 6-132 所示。效果如图 6-133 所示。

图 6-131　对齐图形

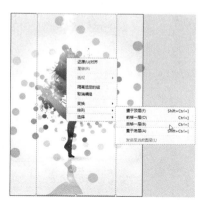

图 6-132　选择【后移一层】命令

图 6-133　最终效果

知识能力测试

本章讲解了管理对象的基本方法，为对知识进行巩固和考核，布置相应的练习题。

一、填空题

1. 图形的分布是自动沿____或____轴均匀地排列对象，或使对象之间的距离相等，精确地设置对象之间的距离，从而使对象的排列更为有序。

2. 【分别变换】面板集中了____、____、____和____等多个变换操作，可以同时应用这些变换。

3．双击【倾斜工具】按钮 ，可以打开【倾斜】对话框，在该对话框中可以设置____、_____以及_____等参数。

二、选择题

1．执行【窗口】→【对齐】命令或按（　　　）组合键，打开【对齐】面板，【对齐】面板中，集合了对齐和分布命令相关按钮，选择需要对齐或分布的对象，单击【对齐】面板中的相应按钮即可。

    A．【Shift+F7】   B．【Shift+F5】   C．【Shift+F6】   D．【Shift+F4】

2．如果想让一个特定的图形对象保持位置、外形不变，防止对象被错误的编辑，可以将对象进行（　　　）。

    A．群组   B．固定   C．锁定   D．绑定

3．使用【选择工具】选中需要调整的图形对象。移动鼠标指针到控制点上，当鼠标指针变为（　　　）形状时，拖曳鼠标到适当位置，释放鼠标后，即可将选中的对象进行旋转。

    A．   B．   C．   D．

三、简答题

1．如何以相同的参数设置继续变换对象？

2．对齐和分布有什么区别？

CC
ILLUSTRATOR

第 7 章
特殊编辑与混合效果

本章导读

学会管理对象后，需要学习进行图形混合和特殊编辑处理的基本方法。

本章将详细介绍 Illustrator CC 图形特殊编辑的相关工具和命令，其中包括一些常用的即时变形工具、封套扭曲与混合的相关功能和具体应用方法。

学习目标

- 熟练掌握特殊编辑工具的应用
- 熟练掌握混合效果的应用
- 熟练掌握封套的创建与编辑
- 熟练掌握透视图的绘制方法

7.1 特殊编辑工具的应用

Illustrator CC 为用户提供了一些特殊编辑工具，使用这类工具可以快速调整文字或图形的外形效果。

7.1.1 宽度工具的应用

使用【宽度工具】🖑可以增加路径的宽度。选中路径，如图 7-1 所示。使用【宽度工具】🖑在路径上按住鼠标向外拖动，达到满意的效果后释放鼠标，即可看到路径增宽后的效果，具体操作过程如图 7-2 所示。

图 7-1　选中路径　　　　　　　　　　　　图 7-2　路径增宽效果

7.1.2 变形工具的应用

使用【变形工具】🖑可以使对象按照鼠标拖动的方向产生自然的变形效果，具体操作方法如下。

步骤 01　使用【选择工具】▸选择需要变形的图形，如图 7-3 所示。在宽度工具组中选择【变形工具】🖑或按【Shift+R】组合键，在对象上需要变形的位置单击并拖动鼠标，如图 7-4 所示。

步骤 02　在得到满意的变形效果后释放鼠标，效果如图 7-5 所示。

双击工具箱中的【变形工具】按钮🖑，可以打开【变形工具选项】对话框，该对话框中的常用参数含义，如图 7-6 所示。

图 7-3 选择图形

图 7-4 拖动鼠标

图 7-5 变形效果

图 7-6 【变形工具选项】对话框

❶ 全局画笔尺寸	可以设置画笔的宽度、亮度、角度和强度等参数
❷ 变形选项	【细节】设置对象轮廓各点间的间距（值越高，间距越小）。【简化】可以减少多余锚点的数量，但不会影响形状的整体外观
❸ 显示画笔大小	勾选【显示画笔大小】复选框时，使用【变形工具】拖动图形进行变换时，可以直观地看到画笔预览效果。如果取消该复选框，画笔大小将不再显示，常用设置为勾选【显示画笔大小】复选框

温馨提示

选择【变形工具】后，按住【Alt】键，在绘图区域拖动鼠标左键，可以即时快速地更改画笔大小，此功能非常实用，初学者应该熟悉掌握。

7.1.3 旋转扭曲工具的应用

使用【旋转扭曲工具】可以使图形产生漩涡的形状，在绘图区域中需要扭曲的对象上单击或拖曳鼠标，即可使图形产生漩涡效果。

双击【旋转扭曲工具】按钮 ，可以打开【旋转扭曲工具选项】对话框，对话框中的常用参数含义如图7-7所示。

旋转扭曲速率	设置旋转扭曲的变形速度。旋转范围为 −180°～180°。当数值越接近 −180°或180°时，对象的扭转速度越快；越接近0°，扭转的速度越平缓。负值以顺时针方向扭转图形，正值则会以逆时针方向扭转图形	

图 7-7　【旋转扭曲工具选项】对话框

7.1.4　【缩拢工具】的应用

使用【缩拢工具】 可以使图形产生收缩的形状变化，在绘图区域中需要缩拢的对象上单击或拖曳鼠标，如图7-8所示。即可使图形产生收缩效果，如图7-9所示。

7.1.5　【膨胀工具】的应用

使用【膨胀工具】 可以使图形产生膨胀效果，在绘图区域中需要膨胀的对象上单击或拖曳鼠标，即可使图形产生膨胀效果，如图7-10所示。

图 7-8　单击或拖曳鼠标　　　　图 7-9　收缩效果　　　　图 7-10　膨胀效果

7.1.6　【扇贝工具】的应用

使用【扇贝工具】 可以使对象产生像贝壳外表波浪起伏的效果，首先选择对象，如图 7-11 所示。使用【扇贝工具】在需要扇贝的对象区域单击或拖曳鼠标，即可使图形产生扇页效果，如图 7-12 所示。

图 7-11　选择图形　　　　　　　　图 7-12　扇贝效果

双击【扇贝工具】按钮，可以打开【扇贝工具选项】对话框，该对话框中的常用参数含义，如图 7-13 所示。

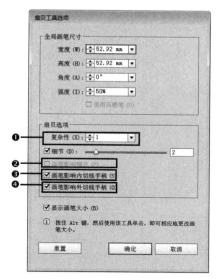

❶ 复杂性	设置对象变形的复杂程度，即产生三角扇贝形状的数量
❷ 画笔影响锚点	勾选该复选框，变形的对象每个转角位置都将产生相对应的锚点
❸ 画笔影响内切线手柄	勾选该复选框，变形的对象将沿三角形正切方向变形
❹ 画笔影响外切线手柄	勾选该复选框，变形的对象将沿反三角正切的方向变形

图 7-13　【扇贝工具选项】对话框

7.1.7　【晶格化工具】的应用

使用【晶格化工具】可以使对象表面产生尖锐外凸的效果。首先选择对象，如图7-14所示。在绘图区域中需要晶格化的对象区域单击或拖曳鼠标，即可使图形产生晶格化效果，如图 7-15 所示。

图 7-14 选择图形

图 7-15 晶格化效果

7.1.8 【皱褶工具】的应用

使用【皱褶工具】可以用来制作不规则的波浪，从而改变对象的形状。首先选择对象，在绘图区域中需要皱褶的对象上单击或拖曳鼠标，即可使图形产生皱褶效果，如图 7-16 所示。

双击【皱褶工具】按钮，可以打开【皱褶工具选项】对话框，如图 7-17 所示。

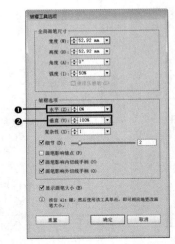

水平	指定水平方向的皱褶数量
垂直	指定垂直方向的皱褶数量

图 7-16 皱褶效果 图 7-17 【皱褶工具选项】对话框

📖 课堂范例——制作哈哈镜中的人物

步骤 01 打开"素材文件\第 7 章\哈哈镜 .ai"，如图 7-18 所示。使用【选择工具】选中镜中的人物，如图 7-19 所示。选择【变形工具】，在图形上方拖动，变换图形，如图 7-20 所示。

步骤 02 选择【膨胀工具】，在下方单击膨胀图形，如图 7-21 所示。选择【缩拢工具】，在头部单击缩拢图形，如图 7-22 所示。选择【旋转扭曲工具】，在肩部单击旋转扭曲图形，如图 7-23 所示。

图 7-18 素材图形

图 7-19 选中镜中的人物

图 7-20 变换图形

图 7-21 膨胀图形

图 7-22 缩拢图形

图 7-23 旋转扭曲图形

步骤 03 执行【对象】→【排列】→【后移一层】命令,将人物下移一层,如图7-24所示。使用【选择工具】 选择天蓝色的镜子,执行【编辑】→【复制】命令,再执行【编辑】→【就地粘贴】命令,复制一个天蓝色镜子图形,如图7-25所示。

步骤 04 按住【Shift】键加选镜中的人物对象,执行【对象】→【剪切蒙版】→【建立】命令,创建剪切蒙版,效果如图7-26所示。

图 7-24 调整对象顺序

图 7-25 复制对象

图 7-26 创建剪切蒙版

7.2 混合效果

混合对象是在两个对象之间平均分布形状或者颜色，从而形成新的对象。使用【混合工具】和【建立混合】命令可以在两个对象之间，也可以在多个对象之间创建混合效果。

7.2.1 【混合工具】的应用

使用【混合工具】 创建混合效果的具体操作方法如下。

步骤 01 使用【混合工具】，依次单击需要混合的对象。

步骤 02 建立的混合对象除了形状发生过渡变化外，颜色也会发生自然的过渡效果，原图和混合效果如图 7-27 所示。

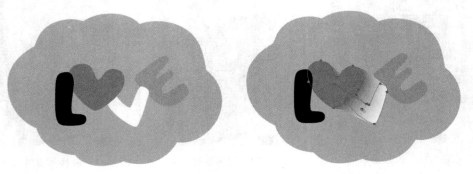

图 7-27 原图和混合效果

温馨
提示
　如果图形对象的填充颜色相同，但是一个无描边效果，另一个有描边效果，则创建的混合对象同样会显示描边颜色的从有到无的过渡效果。

7.2.2 【混合】命令的应用

使用【混合】命令创建混合效果的具体操作步骤如下。

步骤 01 执行【对象】→【混合】→【混合选项】命令，弹出【混合选项】对话框，在该对话框中，设置【指定的步数】的【间距】为 2，完成设置后，单击【确定】按钮，如图 7-28 所示。

步骤 02 使用【选择工具】 选中需要创建混合效果的图形对象，如图 7-29 所示。

步骤 03 执行【对象】→【混合】→【建立】命令，即可在对象之间创建混合效果，如图 7-30 所示。

图 7-28　【混合选项】对话框　　图 7-29　选择对象　　图 7-30　混合效果

7.2.3　设置混合选项

无论是什么属性图形对象之间的混合效果，在默认情况下创建的混合对象，均是根据属性之间的差异来得到相应的混合效果的，而混合选项的设置能够得到具有某些相同元素的混合效果。

双击【混合工具】按钮 或执行【对象】→【混合】→【混合选项】命令，弹出【混合选项】对话框，如图 7-31 所示。

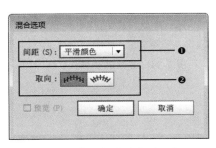

图 7-31　【混合选项】对话框

❶ 间距	选择【平滑颜色】选项，可自动生成合适的混合步数，创建平滑的颜色过渡效果；选择【指定的步数】选项，可以在右侧的文本框中输入混合步数；选择【指定的距离】选项，可以输入由混合生成的中间对象之间的间距
❸ 取向	在【取向】栏中，如果混合轴是弯曲的路径，单击【对齐页面】按钮 ，对象的垂直方向与页面保持一致；单击【对齐路径】按钮 ，对象将垂直于路径

7.2.4　设置混合对象

无论是创建混合对象之前还是之后，都能够通过【混合选项】对话框中的选项进行设置；创建混合对象后，还可以在此基础上改变混合对象的显示效果，以及释放或者扩展混合对象。

1．更改混合对象的轴线

混合轴是混合对象中各步骤对齐的路径。默认情况下，混合轴会形成一条直线，要改变混合轴的形状，可以使用【直接选择工具】单击并拖动路径端点来改变路径的长度与位置；或者使用转换锚点工具拖动节点改变路径的弧度，如图 7-32 所示。

图 7-32　更改混合对象的轴线效果

2．替换混合轴

当绘图区域中存在另外一条路径时，可以将混合对象进行替换，替换混合轴的具体操作步骤如下。

步骤 01　选中路径和混合对象，如图 7-33 所示。

步骤 02　执行【对象】→【混合】→【替换混合轴】命令，即可将混合对象依附于另外一条路径上，如图 7-34 所示。

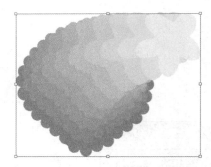

图 7-33　选中路径和混合对象　　　　图 7-34　替换混合轴

3．颠倒混合对象中的堆叠顺序

颠倒混合对象中的堆叠顺序的具体操作方法如下。

步骤 01　选中混合对象，如图 7-35 所示。

步骤 02　执行【对象】→【混合】→【反向混合轴】命令，混合对象中的原始图形对象对调并且改变混合效果，如图 7-36 所示。

技能拓展

当混合效果中的对象呈现堆叠效果时，执行【对象】→【混合】→【反向堆叠】命令，那么对象的堆叠效果就会呈相反方向。

图 7-35　选中混合对象

图 7-36　反向混合轴

7.2.5　释放与扩展混合对象

当创建混合对象后，就会将混合对象作为一个整体，而原始对象之间混合的新对象不会具有其自身的锚点，如果要对其进行编辑，则需要将它分割为不同的对象。

1．释放混合对象

使用【释放】命令可以将混合对象还原为原始的图形对象，具体操作方法如下。

步骤 01　选中需要释放的混合对象，如图 7-37 所示。

步骤 02　执行【对象】→【混合】→【释放】命令或者按【Alt+Ctrl+Shift+B】组合键，可以将混合对象还原为原始的图形对象，如图 7-38 所示。

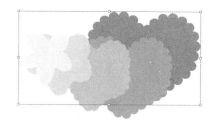

图 7-37　选中混合对象

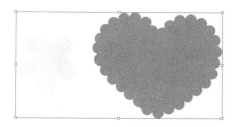

图 7-38　释放混合对象

2．扩展混合对象

使用【扩展】命令可以将混合对象转换为群组对象，并且保持效果不变，具体操作方法如下。

选中需要扩展的混合对象。执行【对象】→【混合】→【扩展】命令，可以将混合对象转换为群组对象，如图 7-39 所示。按【Shift+Ctrl+G】组合键，取消群组对象，群组对象被拆分为单个对象，并能够进行图形编辑，如图 7-40 所示。

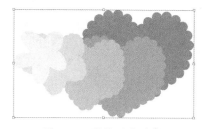

图 7-39　扩展混合对象

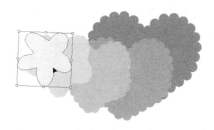

图 7-40　取消群组并编辑单个对象

📚 **课堂范例——绘制毛毛虫对象**

步骤 01 新建空白文档，单击【椭圆工具】按钮 ⬭，在画板中单击，在弹出的【椭圆】对话框中，设置【宽度】为"70mm"、【高度】为"55mm"，单击【确定】按钮，如图 7-41 所示。通过前面的操作，绘制椭圆对象，填充粉红色"#FF99CB"，如图 7-42 所示。

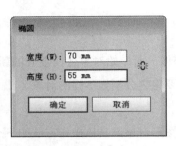

图 7-41　【椭圆】对话框

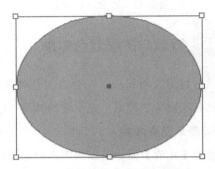

图 7-42　绘制椭圆对象并填充颜色

步骤 02 继续单击【椭圆工具】按钮 ⬭，在画板中单击，在弹出的【椭圆】对话框中，设置【宽度】为"70mm"、【高度】为"40mm"，单击【确定】按钮，如图 7-43 所示。通过前面的操作，绘制椭圆对象，填充粉红色"#FF99CB"，如图 7-44 所示。

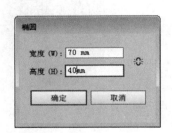

图 7-43　【椭圆】对话框

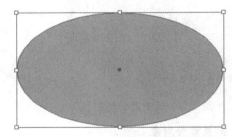

图 7-44　绘制椭圆对象并填充颜色

步骤 03 执行【对象】→【混合】→【混合选项】命令，在【混合选项】对话框中，设置【指定的步数】为"3"，单击【确定】按钮，如图 7-45 所示。

步骤 04 选择【混合选项】⬚，依次单击两个对象，创建混合图形，如图 7-46 所示。

图 7-45　【混合选项】对话框

图 7-46　创建混合图形

步骤 05 选择【锚点工具】，拖动锚点，改变图形的形状，效果如图 7-47 所示。
执行【对象】→【混合】→【扩展】命令，将混合图形转换为群组图形，如图 7-48 所示。

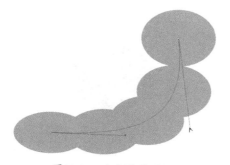

图 7-47 改变图形形状

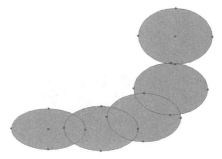

图 7-48 将混合图形转换为群组图形

步骤 06 使用【选择工具】选中图形，执行【对象】→【取消群组】命令，单击左侧的第一个图形，更改颜色为洋红色"#FF339A"，如图 7-49 所示。

步骤 07 单击中间的 3 个图形，分别更改颜色为绿色"#00FF01"、蓝色"#00FFFF"、红色"#FF6600"，如图 7-50 所示。

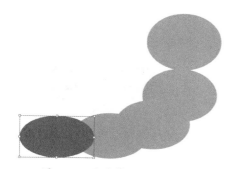

图 7-49 更改第一个图形颜色

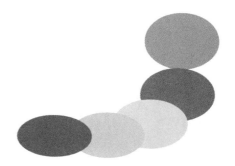

图 7-50 更改中间 3 个图形颜色

步骤 08 继续单击【椭圆工具】按钮，在画板中单击，在弹出的【椭圆】对话框中，设置【宽度】为"55mm"、【高度】为"40mm"，单击【确定】按钮，如图 7-51 所示。绘制图形后，填充为黄色"#FFFF00"，如图 7-52 所示。继续绘制黑色椭圆（宽度为"25mm"、高度为"20mm"），如图 7-53 所示。

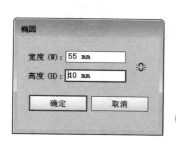

图 7-51 【椭圆】对话框

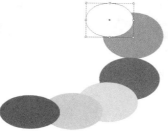

图 7-52 绘制黄色椭圆

图 7-53 绘制黑色椭圆

步骤 09 继续绘制白色椭圆（宽度为8mm、高度为7mm），移动到适当位置，如图7-54 所示。同时选中黄、黑、白3个图形，按【Ctrl+G】组合键群组图形，如图7-55 所示。

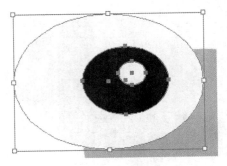

图 7-54 绘制白色椭圆 图 7-55 群组图形

步骤 10 选择【镜像工具】，按住【Alt+Shift】组合键，在黄色对象右侧锚点位置单击，定义镜像轴，如图7-56 所示。在弹出的【镜像】对话框中选择【垂直】单选按钮，单击【复制】按钮，如图7-57 所示。通过前面的操作，水平镜像复制图形，效果如图7-58 所示。

图 7-56 定义镜像轴 图 7-57 【镜像】对话框 图 7-58 镜像复制图形

步骤 11 继续使用【椭圆工具】绘制红色"#FF6600"椭圆（宽度为15mm、高度为10mm），如图7-59 所示。继续使用【椭圆工具】绘制白色椭圆（宽度为15mm、高度为2mm），如图7-60 所示。

图 7-59 绘制红色图形 图 7-60 绘制白色椭圆图形

步骤 12 继续绘制两个椭圆图形（宽度为"3mm"、高度为"8mm"），分别填充深红色"#9B3E38"和浅红色"#FECCCB"，如图 7-61 所示。执行【对象】→【混合】→【混合选项】命令，在弹出的【混合选项】对话框中设置【指定的步数】为"3"，单击【确定】按钮，如图 7-62 所示。选择【混合工具】，依次单击图形，得到混合效果，如图 7-63 所示。

图 7-61　绘制椭圆图并填色　　　图 7-62　【混合选项】对话框　　　图 7-63　图形混合效果

步骤 13　适当调整毛毛虫的身体圆形，使比例更加协调，将刚才绘制的图形移动到适当位置，作为毛毛虫的脚，如图 7-64 所示。

步骤 14　按住【Alt】键，拖动复制图形，执行【对象】→【排列】→【置于底层】命令，调整对象层次，效果如图 7-65 所示。

图 7-64　绘制图形　　　　　　　　图 7-65　复制图形并调整顺序

步骤 15　使用【选择工具】同时选中两条毛毛虫的脚，如图 7-66 所示。按住【Alt】键拖动复制图形，并适当调整位置，最终效果如图 7-67 所示。

图 7-66　选择图形　　　　　　　　图 7-67　复制图形并调整位置

7.3 封套的创建与编辑

使用封套可以创建变形网格，编辑封套后，图形对象将发生形状变形，本节将详细介绍封套的创建和编辑方法。

7.3.1 【用变形建立】命令创建封套

通过预设的变形选项，能够直接得到变形后的效果，【用变形建立】命令创建封套的具体操作方法如下。

步骤 01 使用【选择工具】▶选中需要创建封套的对象，如图 7-68 所示。

步骤 02 执行【对象】→【封套扭曲】→【用变形建立】命令或者按【Ctrl+Alt+Shift+W】组合键，弹出【变形选项】对话框，在【样式】下拉列表框中选择【鱼形】选项，单击【确定】按钮，如图 7-69 所示。得到鱼形变形效果，如图 7-70 所示。

 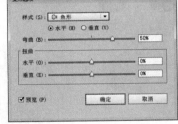 

图 7-68　选中创建封套的对象　　　图 7-69　【变形选项】对话框　图 7-70　鱼形变形效果

在【变形选项】对话框的【样式】下拉列表框中，有多种预设变形效果，选择不同的样式选项可以创建不同的封套效果，如图 7-71 所示；并且还可以通过对话框下方的【弯曲】、【水平】和【垂直】等选项重新设置变形的参数，从而得到更加精确的变形效果。

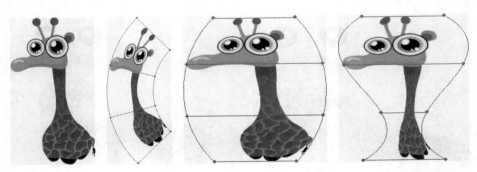

图 7-71　其他预设封套变形效果

7.3.2 【用网格建立】命令创建封套

为图形对象变形除了采用预设变形方式外，还可以通过网格方式来完成。具体操作如下。

步骤 01 选择需要创建封套的对象，如图 7-72 所示。

步骤 02 执行【对象】→【封套扭曲】→【用网格建立】命令或者按【Ctrl+Alt+M】组合键，弹出【封套网格】对话框，在对话框中使用默认参数，单击【确定】按钮，如图 7-73 所示。

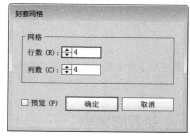

图 7-72　选择需要创建封套的对象　　　　图 7-73　【封套网格】对话框

步骤 03 Illustrator CC 将创建指定行数和列数的封套网格，如图 7-74 所示。选择工具箱中的【网格工具】、【直接选择工具】或者路径类工具，拖动节点进行调整即可，调整方法与路径的调整方法相同，如图 7-75 所示。

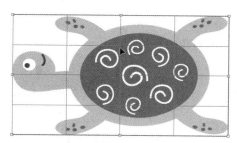

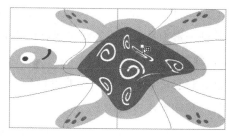

图 7-74　创建封套网格效果　　　　　　图 7-75　调整节点

7.3.3 【用顶层对象建立】命令创建封套

对于一个由多个图形组成的对象，不仅可以使用【用变形建立】和【用网格建立】命令创建封套，还可以通过顶层图形创建封套，具体操作步骤如下。

步骤 01 选择需要创建封套的多个图形对象，如图 7-76 所示。

步骤 02 执行【对象】→【封套扭曲】→【用顶层对象建立】命令或者按【Ctrl+Alt+C】组合键，即可以最上方图形的形状创建封套，如图 7-77 所示。

图 7-76 选择创建封套的对象

图 7-77 以最上方图形创建封套

> **温馨提示**
>
> 在使用【用顶层对象建立】命令创建封套时，创建后的封套尺寸和形状与顶层对象完全相同。

7.3.4 封套的编辑

创建封套后，虽然进行了简单的网格点编辑，但是对于封套本身或者封套内部的对象还可以进行更为复杂的编辑操作。

1．编辑封套内部对象

选中含有封套的对象，执行【对象】→【封套扭曲】→【编辑内容】命令或者按【Ctrl+Shift+P】组合键，视图内将显示对象原来的边界。显示出原来的路径后，就可以使用各种编辑工具对单一的对象或对封套中所有的对象进行编辑。

2．编辑封套外形

创建封套之后，不仅可以编辑封套内的对象，还可以更改封套类型或编辑封套的外部形状，具体操作方法如下。

选中使用自由封套创建的封套对象，执行【对象】→【封套扭曲】→【用变形重置】或执行【对象】→【封套扭曲】→【用网格重置】命令，可将其转换为预设图形封套或网格封套对象。

3．编辑封套面和节点

无论是通过变形方式还是网格方式得到封套，均能够编辑封套的面片和节点，从而改变对象的形状，具体操作方法如下。

使用【直接选择工具】直接拖动封套面，或者使用钢笔类工具修改节点，改变对象的形状，如图 7-78 所示。

图 7-78　编辑封套面片和节点

4．编辑封套选项

通过【封套选项】对话框设置封套，可以使封套更加符合图形绘制的要求，执行【对象】→【封套扭曲】→【封套选项】命令，弹出【封套选项】对话框，如图 7-79 所示。

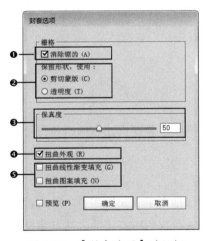

❶ 消除锯齿	可消除封套中被扭曲图形所出现的混叠现象，从而保持图形的清晰度
❷ 剪切蒙版和透明度	在编辑非直角封套时，用户可选择这两种方式保护图形
❸ 保真度	可设置对象适合封套的逼真度。用户可直接在其文本框中输入所需要的参数值或拖动下面的滑块进行调节
❹ 扭曲外观	启用该复选框后，另外的两个复选框将被激活。它可使对象具有外观属性，应用了特殊效果对象的效果也随之发生扭曲
❺ 扭曲线性渐变填充和扭曲图案填充	勾选这两个复选框，可以同时扭曲对象内部的直线渐变填充和图案填充

图 7-79　【封套选项】对话框

5．移除封套

移除封套有两种操作方法，第一种方法是将封套和封套中的对象分开，恢复封套中对象的原来面貌；另一种方法是将封套的形状应用到封套中的对象中。

方法 1：选中带有封套的对象，执行【对象】→【封套扭曲】→【释放】命令，可得到封套图形和封套里面对象两个图形，可以分别对单个图形进行编辑，如图 7-80 所示。

方法 2：选中封套对象后，执行【对象】→【封套扭曲】→【扩展】命令，这时封套消失，而内部图形则保留了原有封套的外形，如图 7-81 所示。

图 7-80 释放封套

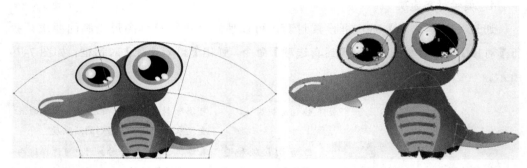

图 7-81 扩展封套

7.3.5 吸管工具

【吸管工具】 是进行图像绘制的常用辅助工具，下面将详细讲述它的具体使用方法和应用领域。

1．使用吸管工具复制外观属性

【吸管工具】 可以在对象间复制外观属性，其中包括文字对象的字符、段落、填色和描边属性。默认情况下，【吸管工具】 会复制所选对象的所有属性，其具体操作方法如下。

步骤 01　选择想要更改其属性的对象、文字对象或字符，如图 7-82 所示。

步骤 02　单击工具箱中的【吸管工具】按钮 ，将【吸管工具】 移至要进行属性取样的对象上。单击鼠标左键，即可复制外观效果，如图 7-83 所示。

2．使用吸管工具从桌面复制属性

从桌面复制属性的具体操作方法如下。

步骤 01　选择要更改属性的对象，单击工具箱中的【吸管工具】按钮 ，单击文档中的任意一点，如图 7-84 所示。

步骤 02　持续按住鼠标按键，将指针移向要复制其属性的桌面对象上。当指针定位于指定属性处，松开鼠标按键即可，如图 7-85 所示。

图 7-82　选择对象　　　　　　　　　　图 7-83　复制外观效果

图 7-84　选中对象并单击绘图区域　　　　图 7-85　移动鼠标

双击工具箱中的【吸管工具】 ✐ ，可以打开【吸管选项】对话框，如图 7-86 所示。

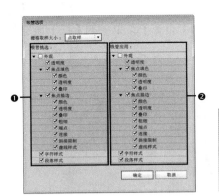

图 7-86　【吸管选项】对话框

❶【吸管挑选】栏	在【吸管挑选】栏中，用户可以勾选或取消进行属性取样的选项
❷【吸管应用】栏	在【吸管应用】栏中，用户可以勾选或取消应用属性的选项

温馨提示

　　取样和应用属性选项包括【外观】、【焦点描边】、【字符样式】、【段落样式】，用户可以根据需要进行勾选。

7.3.6 度量工具

【度量工具】 用于测量两点之间的距离并在【信息】面板中显示结果，使用【度量工具】 测量距离的具体操作方法如下。

步骤 01 单击工具箱中吸管工具组中【度量工具】 。

步骤 02 单击两点以度量它们之间的距离；或者单击第一点并拖移到第二点，如图 7-87 所示。

步骤 03 【信息】面板将显示到 x 轴和 y 轴的水平和垂直距离、绝对水平和垂直距离、总距离以及测量的角度，如图 7-88 所示。

图 7-87　度量距离

图 7-88　【信息】面板

课堂范例——制作窗外的世界

步骤 01 打开"素材文件 \ 第 7 章 \ 窗户 .ai"，如图 7-89 所示。使用【选择工具】 选中中间的图形并右击，在打开的快捷菜单中选择【排列】命令子菜单中的【置于顶层】命令，如图 7-90 所示。

图 7-89　素材图形

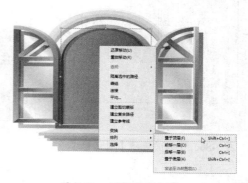

图 7-90　调整图形顺序

步骤 02 打开"素材文件 \ 第 7 章 \ 风景 .jpg"，复制粘贴到当前文件中，移动到适当位置，如图 7-91 所示。

步骤 03 使用【选择工具】 同时选中风景和中间的窗口图形,如图7-92所示。

图7-91 添加素材图形   图7-92 选中图形

步骤 04 执行【对象】→【封套扭曲】→【用顶层对象建立】命令,创建封套,效果如图7-93所示。执行【对象】→【排列】→【置于底层】命令,调整图形顺序,效果如图7-94所示。

图7-93 创建封套   图7-94 调整图形顺序

7.3.7 透视图

在Illustrator CC中,用户可以在透视模式下绘制图形,在【视图】→【透视网格】下拉菜单中可以选择启用一种透视网格。Illustrator CC提供了预设的两点、一点和三点透视网格,如图7-95(a)~(c)所示。

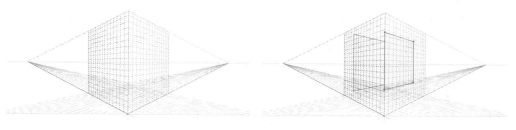

(a)两点透视网格

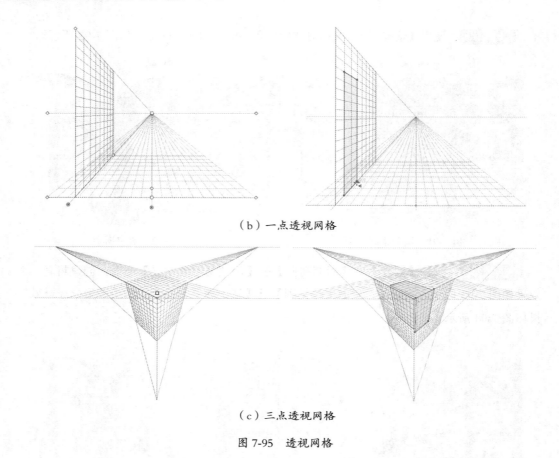

（b）一点透视网格

（c）三点透视网格

图 7-95　透视网格

课堂问答

通过本章内容的讲解，读者对 Illustrator CC 特殊编辑和混合效果有了一定的了解，下面列出一些常见的问题供学习参考。

问题❶: 为什么单击【混合选项】对话框中的【对齐路径】按钮，没有任何效果呢？

答：只有在混合原始对象为不规则的情况下，单击【混合选项】中的【对齐路径】按钮，才能够查看到对齐效果。

问题❷: 使用【网格工具】，如何调整封套网格？

答：已添加网格封套的对象，可以通过工具箱中的【网格工具】进行编辑，如增加网格线或减少网格线以及拖动网格封套等。在使用【网格工具】编辑网格封套时，单击网格封套对象，即可增加对象上网格封套的行列数；按住【Alt】键，单击对象上的网格点或网格线，将减少网格封套的行列数。

问题❸: 如何选择透视平面？

答：进入透视模式后，画板左上角会出现一个平面切换构件，想要在哪个透视平面绘图，需要先单击该构件上面的一个网格平面，单击左上角的按钮，可以隐藏透视模式，如图 7-96 所示。

图 7-96 选择和隐藏透视平面

上机实战——制作精美背景

为了让读者能巩固本章知识点，下面讲解一个技能综合案例，使读者对本章的知识有更深入的了解。

效果展示

思路分析

为图形添加精美背景，可以使画面层次分明，使画面更加具有整体感，下面介绍如何为图形制作精美背景。

本例首先使用【矩形工具】■绘制矩形，并使用【晶格化工具】变形图形。使用【星形工具】★绘制星形，创建封装和混合图形后，放在最底层作为背景，完成制作。

制作步骤

步骤 01 按【Ctrl+N】组合键或执行【新建文档】命令，在弹出的【新建文档】对话框中设置【宽度】和【高度】均为"600mm"，单击【确定】按钮，如图 7-97 所示。选择【矩形工具】■，拖动鼠标绘制图形，填充任意颜色，如图 7-98 所示。

步骤 02 选择绘制的矩形，按住【Alt】键拖动复制图形，如图 7-99 所示。按【Ctrl+D】组合键 12 次，继续复制图形，效果如图 7-100 所示。

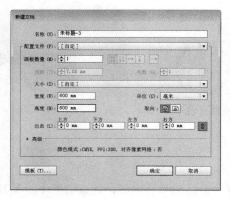

图 7-97 【新建文档】对话框

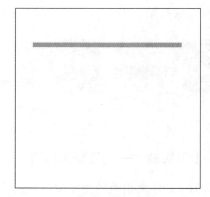

图 7-98 绘制图形

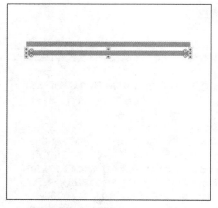

图 7-99 复制图形

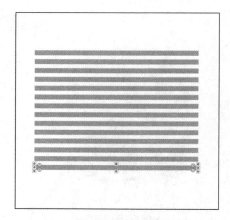

图 7-100 继续复制图形

步骤 03 执行【窗口】→【色板库】→【庆祝】命令，打开【庆祝】面板，如图 7-101 所示。分别设置色条的颜色，效果如图 7-102 所示。

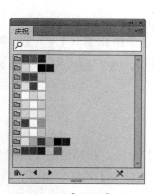

图 7-101 【庆祝】面板

图 7-102 设置色条颜色效果

步骤 04 选择【晶格化工具】，拖动图形进行晶格化变形，复制图形作为备份，效果如图 7-103 所示。

步骤 05 选择【星形工具】⭐，绘制星形对象，效果如图7-104所示。

图7-103 晶格化效果

图7-104 绘制星形

步骤 06 选中所有图形，如图7-105所示。执行【对象】→【封套扭曲】→【用顶层对象建立】命令，创建封套，效果如图7-106所示。

图7-105 选中所有图形

图7-106 创建封套效果

步骤 07 按住【Alt】键，拖动复制图形，调整图形大小，执行【对象】→【封套扭曲】→【扩展】命令，将封套扭曲图形转换为普通图形，如图7-107所示。

步骤 08 选择【混合工具】，依次单击图形，创建混合图形，如图7-108所示。

图7-107 复制调整图形大小

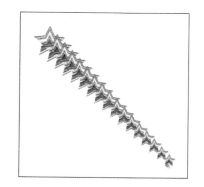

图7-108 创建混合图形

步骤 09 使用【椭圆工具】绘制圆形，选中所有图形，如图7-109所示。

步骤 10 执行【对象】→【混合】→【替换混合轴】命令，效果如图7-110所示。

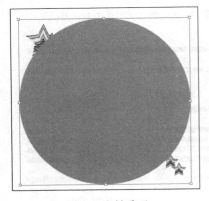

图 7-109　绘制圆形

图 7-110　替换混合轴效果

步骤 11　适当缩小图形，【对象】→【混合】→【反向混合轴】命令，效果如图 7-111 所示。

步骤 12　执行【对象】→【混合】→【混合选项】命令，设置【指定的步数】为"10"，设置【取向】为对齐路径，单击【确定】按钮，如图 7-112 所示。

图 7-111　反向混合轴效果

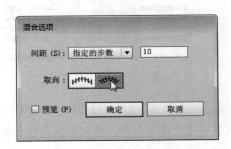

图 7-112　【混合选项】对话框

步骤 13　通过前面的操作，修改混合效果，如图 7-113 所示。打开"素材文件 \ 第 7 章 \ 弹琴 .ai"，复制粘贴到当前文件中，如图 7-114 所示。

图 7-113　修改混合效果

图 7-114　添加素材图形

步骤 14 选择前面复制的彩条图形，移动到适当位置，执行【对象】→【排列】→【置于底层】命令，将对象置于最底层，如图 7-115 所示。在【透明度】面板中，设置【不透明度】为"40%"，如图 7-116 所示。

图 7-115 调整图层顺序

图 7-116 【透明度】面板

步骤 15 选择【矩形工具】，在画板中单击，在弹出的【矩形】对话框中，设置【宽度】和【高度】为"600mm"，单击【确定】按钮，如图 7-117 所示。通过前面的操作，绘制矩形，对齐面板中间，如图 7-118 所示。

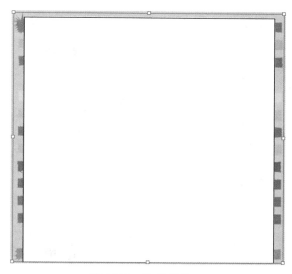

图 7-117 【矩形】对话框

图 7-118 绘制矩形

步骤 16 同时选中矩形和下方的彩条图形，执行【对象】→【封套扭曲】→【用顶层对象建立】命令，创建封套，效果如图 7-119 所示。执行【对象】→【排列】→【置于底层】命令，将封套对象置于最底层，最终效果如图 7-120 所示。

图 7-119　创建封套

图 7-120　最终效果

◉ 同步训练——制作放风筝图形

　　通过上机实战案例的学习，为了增强读者动手能力，下面安排一个同步训练案例，让读者达到举一反三、触类旁通的学习效果。

效果展示

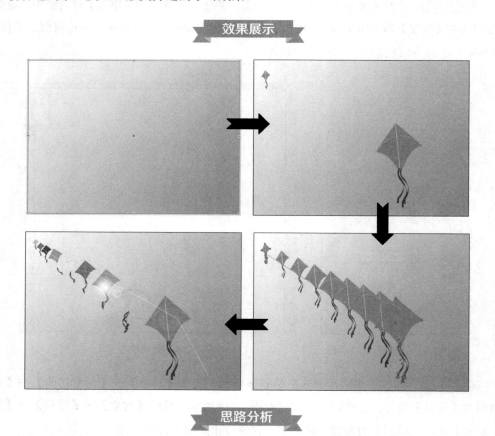

思路分析

　　阳春三月风筝满天飞，风筝的造型丰富多彩，它是小朋友们的最爱，制作放风筝图形的具体操作方法如下。

本例首先使用【钢笔工具】 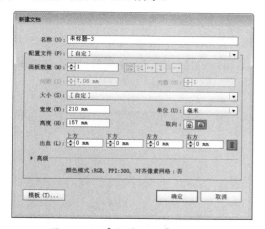 绘制风筝造型，然后通过【缩拢工具】 和【旋转扭曲工具】 制作风筝的飘带；再使用【混合工具】 制作多个风筝，分别调整每个风筝的颜色、大小和旋转角度，最后添加风筝线和光晕，完成制作。

制作步骤

步骤 01　按【Ctrl+N】组合键或执行【新建文档】命令，在弹出的【新建文档】对话框中，设置【宽度】为 "210mm"、【高度】为 "157mm"，单击【确定】按钮，如图 7-121 所示。

步骤 02　选择【矩形工具】 ，在画板中单击，在弹出的【矩形】对话框中，设置【宽度】为 "210mm"、【高度】为 "157mm"，单击【确定】按钮，绘制矩形，移动到面板中心位置，如图 7-122 所示。

图 7-121　【新建文档】对话框

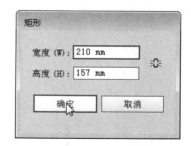

图 7-122　【矩形】对话框

步骤 03　在工具箱中，单击【渐变】图标，在【渐变】对话框中，设置【类型】为 "线性"，【角度】为 "-40.5°"，色标颜色为白蓝 "#00AEE0"，如图 7-123 所示。渐变填充效果如图 7-124 所示。

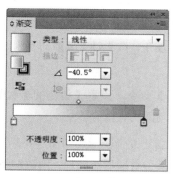

图 7-123　【渐变】对话框

图 7-124　渐变填充效果

步骤 04 　使用【钢笔工具】 绘制路径，填充洋红色"#D76CFF"，如图 7-125 所示。继续绘制线条，在选项栏中，设置【粗细】为"0.6mm"，颜色为黄色"#E4CA31"和深黄色"#CBAB13"，如图 7-126 所示。

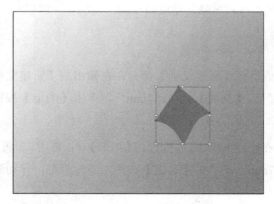

图 7-125　绘制路径并填充颜色

图 7-126　绘制线条

步骤 05 　使用【矩形工具】 绘制矩形，填充深蓝色"#005C94"，如图 7-127 所示。使用【选择工具】 选中蓝色图形，选择工具箱中的【缩拢工具】 ，拖动变形图形，如图 7-128 所示。

图 7-127　绘制矩形

图 7-128　缩拢图形

步骤 06 　选择工具箱中的【旋转扭曲工具】 ，拖动鼠标进行旋转变形，效果如图 7-129 所示。复制两条蓝色图形，调整大小、旋转角度，如图 7-130 所示。

步骤 07 　选中风筝对象，按【Ctrl+G】组合键群组图形，按【Alt】键拖动复制图形，缩小后移动到左侧适当位置，如图 7-131 所示。

步骤 08 　执行【对象】→【混合】→【混合选项】命令，设置【指定的步数】为"7"，设置【取向】为对齐路径，单击【确定】按钮，如图 7-132 所示。

步骤 09 　选择【混合工具】 ，依次单击图形，创建混合图形，如图 7-133 所示。执行【对象】→【混合】→【扩展】命令，将混合图形转换为普通群组图形，解散群组后，分别调整每个风筝的颜色、大小和旋转角度，如图 7-134 所示。

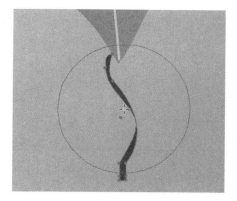

图 7-129　旋转变形

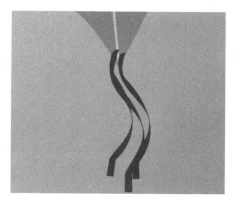

图 7-130　复制两条蓝色图形

图 7-131　复制图形

图 7-132　【混合选项】对话框

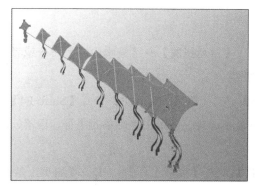

图 7-133　创建混合图形

图 7-134　调整图形颜色、大小和旋转角度

步骤 10　使用【钢笔工具】绘制路径，在选项栏中，设置描边颜色为"白色"，设置【描边粗细】为"0.5mm"，效果如图 7-135 所示。

步骤 11　选择工具箱中的【光晕工具】，在图形中拖动鼠标得到光晕效果，如图 7-136 所示。

图 7-135　绘制线条效果

图 7-136　添加光晕效果

知识能力测试

本章讲解了特殊编辑与混合效果制作的基本方法，为对知识进行巩固和考核，布置相应的练习题。

一、填空题

1．混合轴是混合对象中各步骤对齐的路径。默认情况下，混合轴会形成一条直线，要改变混合轴的形状，可以使用【直接选择工具】  单击并拖动路径端点来改变路径的_____与_____。

2．无论是通过变形还是网格得到封套，均能够编辑封套的_____和_____，从而改变对象的形状。

3．对于一个由多个图形组成的对象，不仅可以使用_____和_____命令创建封套，还可以通过顶层图形创建封套。

二、选择题

1．选中含有封套的对象，执行【对象】→【封套扭曲】→【编辑内容】命令或者按（　　）组合键，视图内将显示对象原来的边界。

　　A．【Shift+F7】　　　　B．【Shift+F5】　　C．【Ctrl+Shift+P】　D．【Shift+F4】

2．使用（　　）可以在对象间复制外观属性，其中包括文字对象的字符、段落、填色和描边属性。

　　A．【吸管工具】　　　　B．【混合工具】　C．【度量工具】　　　D．【扇贝工具】

3．执行【对象】→【混合】→（　　　）命令，即可将混合对象依附于另外一条路径上。

　　A．【依附混合轴】　　B．【更改混合轴】C．【反向混合轴】　D．【替换混合轴】

三、简答题

1．【释放】和【扩展】命令的主要作用是什么？它们的主要区别是什么？

2．如何移除封套？

第 8 章
文字效果的应用

本章导读

学会对象混合和特殊编辑后，下一步需要学习文字效果应用的基本方法。

本章将详细介绍文字工具的应用、文本的置入和编辑、字符格式的设置和对文本进行一些特殊的编辑操作。

学习目标

- 熟练掌握文字对象的创建方法
- 熟练掌握字符格式的设置方法
- 熟练掌握文本的其他操作方法

8.1 文字对象的创建

在 Illustrator CC 中，一共有6种输入文本的工具，包括文字工具、区域文字工具、路径文字工具、直排文字工具、直排区域文字工具、直排路径文字工具，并且可以将外部文档置入到 Illustrator CC 中进行编辑。

8.1.1 使用文字工具输入文字

输入文字常用的基本工具包括【文字工具】和【直排文字工具】，可以在绘制区域中创建点文本和块文本。

1．点文本的创建

点文本是指从单击位置开始，并随着字符输入而扩展的横排或直排文本，创建的每行文本都是独立的，对其进行编辑时，该行将会延长或缩短，但不会换行。

2．块文本的创建

对于整段文字，创建块文本比点文本更有用，块文本有文本框的限制，能够简单地通过改变文本框的宽度来改变行宽，创建块文本的具体操作方法如下。

步骤 01 单击工具箱中的【文字工具】或【直排文字工具】，在绘制区域中拖出一个文本框，如图 8-1 所示。

步骤 02 在文本框中输入文字，如图 8-2 所示。

图 8-1 创建文本框　　　　　　　　图 8-2 输入文字

> 温馨提示
>
> 如果只想改变文本框的大小，不要用缩放工具或者比例缩放工具拖动文本框进行变换，因为使用任何一种变形工具都会同时将文本框内的文字进行缩放。

8.1.2 使用区域文本工具输入文字

区域文本工具包括【区域文字工具】和【直排区域文字工具】，使用这两种工具可以将文字放入特定的区域内部，形成多种多样的文字排列效果。下面以【区域文字工具】□为例进行讲解，其具体方法如下。

步骤 01 使用【选择工具】选择作为文本区域的路径对象，如图 8-3 所示。

步骤 02 单击工具箱中的【区域文字工具】□，在路径上单击，如图 8-4 所示。

步骤 03 当出现插入点时输入文字，如果文本超过了该区域所能容纳的数量，将在该区域底部附近出现一个带加号的小方框，如图 8-5 所示。

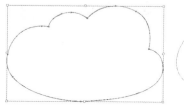 

图 8-3 选择路径对象　　　　图 8-4 在路径上单击　　　　图 8-5 输入文字

温馨提示

如果文本超过了该区域所能容纳的数量，将在该区域底部附近出现一个带加号的小方框，拖动文本框的控制点，放大文本框后，即可显示隐藏的文字。

8.1.3 使用路径文本工具输入文字

路径文本工具包括【路径文字工具】✏️和【直排路径文字工具】✏️。选择工具后，在路径上单击，出现文字输入点后，输入文本，文字将沿着路径的形状进行排列。

执行【文字】→【路径文字】→【路径文字选项】命令，弹出【路径文字选项】对话框，在该对话框中可以设置路径文字的参数，如图 8-6 所示。路径文字效果如图 8-7 所示。

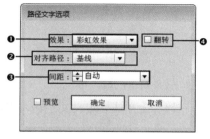

图 8-6 【路径文字选项】对话框

❶ 效果	在【效果】下拉列表框中，可以选择系统预设的文字排列效果
❷ 对齐路径	在【对齐路径】下拉列表框中，可以选择文字对齐路径的方式
❸ 间距	设置文字在路径上排列的间距
❹ 翻转	勾选此复选框后，可以改变文字方向

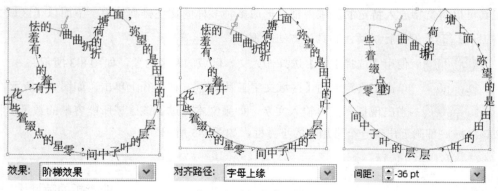

图 8-7　路径文字效果

8.1.4　路径置入

在 Illustrator CC 中，可以允许用户将其他应用程序创建的文本文件导入到图稿中，置入命令可以置入 Microsoft Word、RTF 文件和纯文字文件。

执行【文件】→【置入】命令，弹出【置入】对话框，选中需要转入的文本对象，单击【确定】按钮，如图 8-8 所示。

弹出【Microsoft Word 选项】对话框，根据实际需要，在【包含】栏中，选择导入文本包含的内容，勾选【移去文本格式】复选框，将会清除源文件中的格式，单击【确定】按钮，如图 8-9 所示。通过前面的操作，即可置入文本，效果如图 8-10 所示。

图 8-8　【置入】对话框

图 8-9　【Microsoft Word 选项】对话框

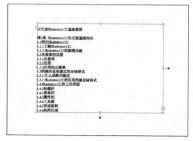

图 8-10　置入文本

📚 课堂范例——创建图形文字

步骤 01　打开"素材文件 \ 第 8 章 \ 蝴蝶 .ai"，如图 8-11 所示。

步骤 02　单击工具箱中的【路径文字工具】✍，在路径上单击，定义文字输入点，如图 8-12 所示。

步骤 03　出现文字输入点后，输入文本，文字将沿着路径的形状进行排列，而文字的排列会与基线平行，如图 8-13 所示。

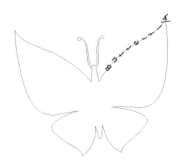

图 8-11 素材图形　　　　图 8-12 定义文字输入点　　　　图 8-13 输入文本

步骤 04　继续输入文本，文字将沿着路径的形状进行排列，一直填满路径，如图 8-14 所示。选择工具箱中的【文字工具】**T**，在图形内部单击，定义文字输入点，如图 8-15 所示。输入文本，效果如图 8-16 所示。

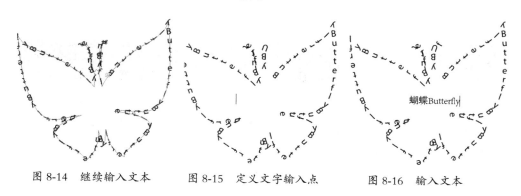

图 8-14 继续输入文本　　　图 8-15 定义文字输入点　　　图 8-16 输入文本

温馨提示　当输入的文字无法完全显示时，剩余的文字并不是被删除，而是被隐藏在路径中，可以通过修改文字的字号、间距或者改变路径的长度，均能够显示被隐藏的文字。

步骤 05　按【Enter】键确认文字输入，如图 8-17 所示。在选项栏中，设置【字体大小】为"10mm"，如图 8-18 所示。拖动文本框右上角的控制点，适当旋转文字方向，效果如图 8-19 所示。

图 8-17 确认文字输入　　　图 8-18 设置字体大小　　　图 8-19 旋转文本框效果

8.2 字符格式的设置

字符格式的设置，可以在【字符】面板中进行，包括字体、字体大小、水平缩放、字符间距等。

8.2.1 选择文本

选择文本包括选择字符、选择文字对象以及选择路径对象，选中文字后，即可在【字符】面板中对该文本进行编辑。下面介绍选择文本的几种方法。

（1）选择字符。选择相应的文本工具，拖动一个或多个字符将其选中，如图 8-20 所示。或者选择一个或多个字符，执行【选择】→【全部】命令，可以将文字对象中的所有字符选中，如图 8-21 所示

图 8-20　选择字符　　　　　　　　图 8-21　全选字符

（2）选择文字对象。使用【选择工具】或者【直接选择工具】单击文字，即可选中文字，选择文字对象后，将在该对象的周围显示一个边框，如图 8-22 所示。

（3）选择路径对象。使用【文字工具】在路径对象上拖动，即可选中路径中的文本对象，如图 8-23 所示。双击可以选中路径上的所有文本对象。

图 8-22　选择文字对象　　　　　　图 8-23　选择路径中的文本对象

8.2.2 设置字符属性

在【字符】面板中，可以改变文档中的单个字符设置，执行【窗口】→【文字】→【字符】命令，可以打开【字符】面板，在默认情况下，【字符】面板中只显示最常用的选项，如图 8-24 所示。单击面板右上角的 按钮，可以打开面板快捷菜单，如图 8-25 所示。选择【显示选项】命令，可以显示更多的设置选项，如图 8-26 所示。

1．设置字体

首先要选中输入的文字，在【字符】面板中，设置字体属性，即可设置文字字体，如图 8-27 所示。

图 8-24 常用【字符】面板 图 8-25 【字符】面板快捷菜单 图 8-26 完整【字符】面板

图 8-27 在【字符】面板中设置字体属性

2．设置字体大小

在默认情况下，输入的文字大小为 12pt，要想改变文字大小，首先要选中输入的文字，然后在面板相应位置进行更改。

3．字距调整

字距调整可以收紧或放松文字之间的间距，该值为正值时，字距变大，如图 8-28 所示；该值为负值时，字距变小。

 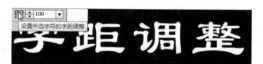

图 8-28 在【字符】面板中调整字距

4．字距微调

字距微调是增加或减少指定字符之间间距，使用文字工具在需要调整的文字间单击，进入文本输入状态后，即可在【字符】面板中进行调整，效果如图 8-29 所示。

图 8-29 字距微调

5．设置水平和垂直缩放

水平和垂直缩放可以更改文字的宽度和高度比例，未缩放字体的值为 100%。

有些字体系列包括真正的扩展字体，这种文字系列的水平宽度要比普通字体样式宽一些，缩放操作会使文字失真，因此最好使用已紧缩或扩展的字体。

而要自定义文字的宽度和高度，可以选择文字后，在【字符】面板中进行设置，水平和垂直缩放效果如图 8-30 所示。

图 8-30　水平和垂直缩放效果

6．使用空格

空格是字符前后的空白间隔。在【字符】面板中，可以修改特殊字符的前后留白程度。选择要调整的字符，在【字符】面板中进行设置即可，效果如图 8-31 所示。

图 8-31　使用空格效果

7．设置基线偏移

【基线偏移】命令可以相对于周围文本的基线上下移动所选字符，以手动方式设置分数字或调整图片与文字之间的位置时，基线偏移尤其有用。

选择要更改的字符或文字对象，在【字符】面板中，设置【基线偏移】选项，输入正值会将字符的基线移到文字行基线的上方；输入负值则会将基线移到文字基线的下方，如图 8-32 所示。

图 8-32　基线偏移效果

8．设置字符旋转

通过调整【字符旋转】选项栏的数值可以改变文字的方向。如果要将文字对象中的字符旋转特定的角度，可以选择要更改的字符或文字对象，在【字符】面板的【字符旋转】选项栏中设置数值即可，如图 8-33 所示。

图 8-33　字符旋转效果

> **温馨提示**
>
> 如果要使横排文字和直排文字互相转换，首先选择文字对象，执行【文字】→【文字方向】→
> 【水平】命令，或者执行【文字】→【文字方向】→【垂直】命令。

9. 设置特殊样式

在【字符】面板，单击倒数一排的"T"状按钮可以为字符添加特殊效果，包括下画线和删除线等，如图 8-34 所示。

图 8-34　设置特殊样式

10. 特殊字符的输入

字体中包括许多特殊字符，根据字体的不同，这些字符包括连字、分数字、花饰字、装饰字、上标和下标字符等，插入特殊字符的具体操作方法如下。

在绘图区域中定位文字插入点，执行【窗口】→【文字】→【字形】命令，在【字形】面板中选择需要的字符，双击所选字符即可，如图 8-35 所示。

图 8-35　输入特殊字符

8.2.3　设置段落格式

设置段落样式将影响整个文本的段落，而不是一次只针对一个字母或一个字。

执行【窗口】→【文字】→【段落】命令，可以打开【段落】面板，在该面板中可以更改行和段落的格式，如图 8-36 所示。

温馨提示

　　要对单独一个段落使用【设定段落格式】选项，使用【文字工具】在相应段落中定位即可进行格式设置；如果要对整个段落文本进行格式设置，则需要使用【选择工具】选中文本块，在【段落】面板中进行设置即可。

图 8-36　【段落】面板

1．段落对齐方式

区域文字和路径文字可以与文字路径的一个或两个边缘对齐，通过调整段落的对齐方式使段落更加美观整齐，在【段落】面板中提供了 7 种对齐方式。

选中段落文本后，在【段落】面板中单击相应的对齐按钮即可，常用段落对齐方式如图 8-37 所示。

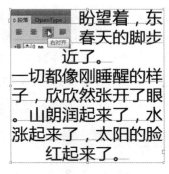

图 8-37　常用段落对齐方式

2．设置行距

在【段落】面板中，可以调整段落的行距。行距是一种字符属性，可以在同一段落中应用多种行距，一行文字中的最大行距将决定该行的行距。

选中要设置段间距的段落，在【字符】面板中，设置行距即可，如图 8-38 所示。

3．设置段前和段后间距

段前间距设置可以在段落前面增加额外间距，段后间距设置可以在段落后面增加额外间距。选择段落，在【段落】面板中设置【段前间距】或【段后间距】即可，如图 8-39 所示。

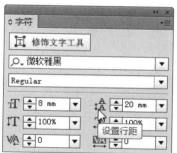

图 8-38　设置行距

图 8-39　设置段前间距

4．设置首行缩进

在【段落】面板中，可以通过调整首行缩进来编辑段落，使段落更加符合传统标准，如图 8-40 所示。

图 8-40　设置首行缩进

5．设置缩进和悬挂标点

在【段落】面板中，通过调整段落缩进的数值和使用悬挂缩进来编辑段落，使段落边缘显得更加对称。

缩进是指段落或单个文字对象边界间的间距量，段落缩进分为左缩进和右缩进两种，缩进只影响选中的段落，因此可以很容易地为多个段落设置不同的缩进，如图 8-41 所示。

图 8-41　设置右缩进

8.3　文本的其他操作

除了编辑文本外，还可以对文本进行一些其他操作，如字符和段落样式应用、转换文本为路径等，下面将分别进行介绍。

8.3.1　字符和段落样式

使用样式面板，可以创建、编辑字符所要应用的字符样式，使用该面板可以节省时间和确保样式一致。

【字符样式】是许多字符格式属性的集合，可应用于所选的文本范围。执行【窗口】→【文字】→【字符样式】命令，即可打开【字符样式】面板，如图 8-42 所示，

在面板中可以创建、应用和管理字符要应用的样式，只需选择文本并在其中的一个面板中单击样式名称即可。如果未选择任何文本，则会将样式应用于所创建的新文本。

【段落样式】面板与【字符样式】面板的作用相同，均是为了保存与重复应用文字的样式，这样在工作中可以节省时间和确保格式一致。段落样式包括段落格式属性，并可应用于所选段落，也可应用于段落范围。

执行【窗口】→【文字】→【段落样式】命令，即可打开【段落样式】面板，可以在【段落样式】面板中创建、应用和管理段落样式，如图 8-43 所示。

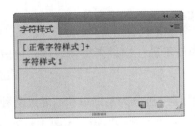

图 8-42　设置字符样式

图 8-43　设置段落样式

8.3.2 将文本转换为轮廓路径

文本可以通过应用路径文字效果创建一些特殊效果；也可以通过将文本转换为轮廓从而创建文字轮廓路径，并使用路径编辑工具进行编辑，具体操作步骤如下。

步骤 01 选中目标文本对象，执行【文字】→【创建轮廓】命令或者按【Ctrl+Shift+O】组合键，将文本转换为轮廓路径，如图 8-44 所示。

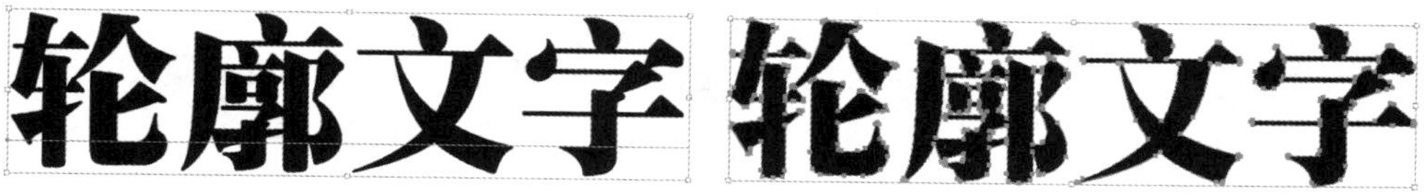

图 8-44 将文本转换为路径

步骤 02 使用【直接选择工具】，拖动路径节点进行调整，效果如图 8-45 所示。

图 8-45 编辑路径节点

8.3.3 文字串接与绕排

每个区域文字都包括输入连接点和输出连接点，由此可链接到其他对象并创建文字对象的链接副本，用户可以根据页面整体需要，串接和中断串接以及进行文本绕排。

1. 串接文字

若要在对象间串接文字，必须先将文字对象链接在一起。链接的文字对象可以是任何形状，但其文本必须为区域文本或路径文本，而不能为点文本，具体操作方法如下。

步骤 01 使用【选择工具】选中需要设置的串接的文本框，每个文本框都包括一个入口和出口，在出口图标中出现一个红色加号符号，表示对象包含隐藏文字，在红色加号符号处单击。

步骤 02 在需要创建串接文字的位置单击并拖曳鼠标，创建文本框，如图 8-46 所示；释放鼠标后，隐藏文字添加到新创建的文本框中，如图 8-47 所示。

> **温馨提示**
>
> 选择串接文本后，执行【文字】→【串接文本】→【释放所选文字】命令，可以恢复文字串接状态；文字回流至上级文本框内；执行【文字】→【串接文本】→【移动串接文字】命令，将中断文本框之间的串接状态，串接文本框成为多个单独的文本框。

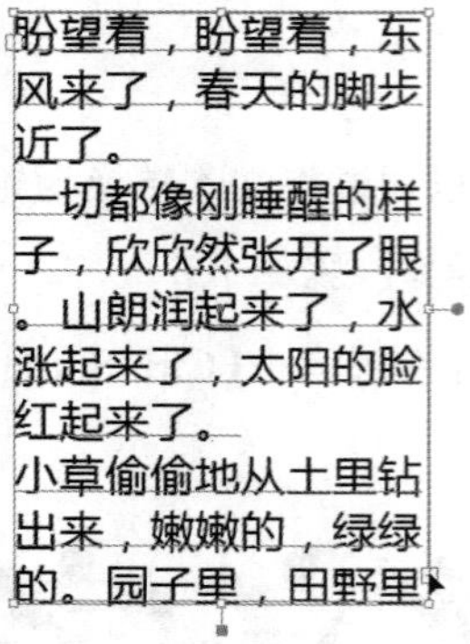

盼望着，盼望着，东
风来了，春天的脚步
近了。
一切都像刚睡醒的样
子，欣欣然张开了眼
。山朗润起来了，水
涨起来了，太阳的脸
红起来了。
小草偷偷地从土里钻
出来，嫩嫩的，绿绿
的。园子里，田野里

图 8-46　创建文本框

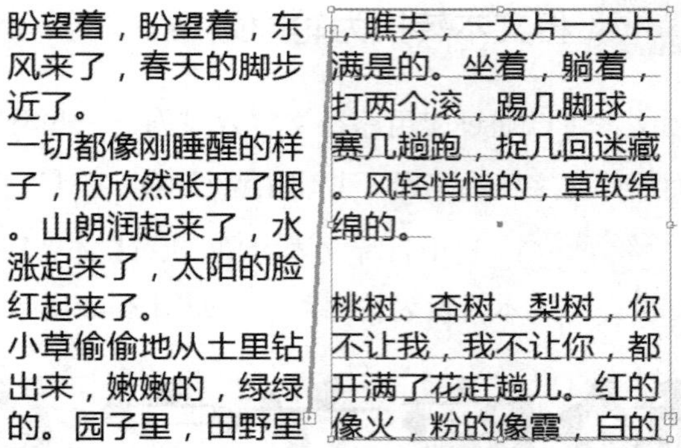

盼望着，盼望着，东
风来了，春天的脚步
近了。
一切都像刚睡醒的样
子，欣欣然张开了眼
。山朗润起来了，水
涨起来了，太阳的脸
红起来了。
小草偷偷地从土里钻
出来，嫩嫩的，绿绿
的。园子里，田野里
，瞧去，一大片一大片
满是的。坐着，躺着，
打两个滚，踢几脚球，
赛几趟跑，捉几回迷藏
。风轻悄悄的，草软绵
绵的。
桃树、杏树、梨树，你
不让我，我不让你，都
开满了花赶趟儿。红的
像火，粉的像霞，白的

图 8-47　创建串接文本框

2．文本绕排

在 Illustrator CC 中，用户可以将文字沿着任何对象排布，需要文字绕着的对象必须放在文字对象的上层，设置文字绕排的具体操作方法如下。

步骤 01　选中需要设置绕排的文字和对象，如图 8-48 所示；执行【对象】→【文本绕排】→【建立】命令。

步骤 02　弹出【Adebe Illustrator】提示对话框，单击【确定】按钮，如图 8-49 所示；文本绕排效果如图 8-50 所示。

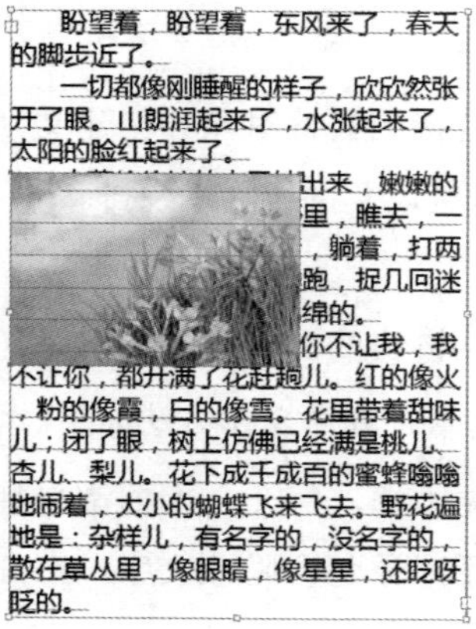

盼望着，盼望着，东风来了，春天
的脚步近了。
一切都像刚睡醒的样子，欣欣然张
开了眼。山朗润起来了，水涨起来了，
太阳的脸红起来了。
出来，嫩嫩的
里，瞧去，一
，躺着，打两
跑，捉几回迷
绵的。
你不让我，我
不让你，都开满了花赶趟儿。红的像火
，粉的像霞，白的像雪。花里带着甜味
儿；闭了眼，树上仿佛已经满是桃儿、
杏儿、梨儿。花下成千成百的蜜蜂嗡嗡
地闹着，大小的蝴蝶飞来飞去。野花遍
地是：杂样儿，有名字的，没名字的，
散在草丛里，像眼睛，像星星，还眨呀
眨的。

图 8-48　选中文字和图片对象

Adobe Illustrator
文本将围绕当前选区中包括文字对象在内的所有对象。
不再显示 (D)
确定
取消

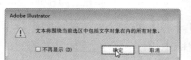

图 8-49　提示对话框

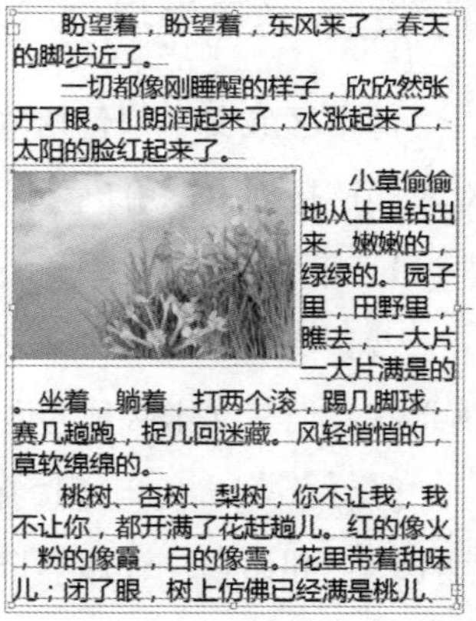

盼望着，盼望着，东风来了，春天
的脚步近了。
一切都像刚睡醒的样子，欣欣然张
开了眼。山朗润起来了，水涨起来了，
太阳的脸红起来了。
小草偷偷
地从土里钻出
来，嫩嫩的，
绿绿的。园子
里，田野里，
瞧去，一大片
一大片满是的
。坐着，躺着，打两个滚，踢几脚球，
赛几趟跑，捉几回迷藏。风轻悄悄的，
草软绵绵的。
桃树、杏树、梨树，你不让我，我
不让你，都开满了花赶趟儿。红的像火
，粉的像霞，白的像雪。花里带着甜味
儿；闭了眼，树上仿佛已经满是桃儿、

图 8-50　文本绕排效果

温馨提示

执行文本绕排时，需要将图片置于文字对象上方；如果图片位于文字对象下方，将不能创建文本绕排效果。

用户可以在绕排文本之前或之后设置绕排选项。执行【对象】→【文本绕排】→【文本绕排选项】命令，将弹出【文本绕排选项】对话框，如图 8-51 所示。

图 8-51　【文本绕排选项】对话框

❶ 位移	指定文本和绕排对象之间的间距大小
❷ 反向绕排	反向绕排文本

技 能 拓 展

选择需要的取消文本绕排的对象，执行【对象】→【文本绕排】→【释放】命令，即可取消文字对象的绕排效果。

8.3.4　大小写转换

在 Illustrator CC 中，可以更改英文字母的大小写，如将大写字母变换为小写字母，将词首字母更改为大写字母等。

选中需要转换的英文字母，执行【文字】→【更改大小写】命令，在弹出的子菜单中选择相应的命令进行大小写变换即可。

课堂问答

通过本章内容的讲解，读者对文字效果的应用有了一定的了解，下面列出一些常见的问题供学习参考。

问题❶：字距微调和字距调整两种方式设置字符格式有什么区别？

答：字距微调是增加或减少特定字符间距的过程；字距调整是调整所选文本或整个文本块中字符间距的过程。

问题❷：如何使文字看起来整齐？

答：当【视觉边距对齐方式】选项打开时，标点符号和字母边缘会自动溢出文本边缘，使文字看起来更加整齐。选择文字对象，如图 8-52 所示。执行【文字】→【视觉边距对齐方式】命令，如图 8-53 所示。

问题❸：文字类型可以相互转换吗？

答：点文字和区域文字可以相互转换。选择点文字后，执行【文字】→【转换为区域文字】命令，可将其转换为区域文字。选择区域文字后，执行【文字】→【转换为点状文字】命令，可将其转换为点文字。

盼望着，盼望着，东风来了，春天的脚步近了。
一切都像刚睡醒的样子，欣欣然张开了眼。山朗润起来了，水涨起来了，太阳的脸红起来了。
小草偷偷地从土里钻出来，嫩嫩的，绿绿的。园子里，田野里，瞧去，一大片一大片满是的。坐着，躺着，打两个滚，踢几脚球，赛几趟跑，捉几回迷藏。风轻悄悄的，草软绵绵的。
桃树、杏树、梨树，你不让我，我不让你，都开满了花赶趟儿。红的像火，粉的像霞，白的像雪。花里带着甜味儿；闭了眼，树上仿佛已经满是桃儿、杏儿、梨儿。花下成千成百的蜜蜂嗡嗡地闹着，大小的蝴蝶飞来飞去。野花遍地是：杂样儿，有名字的，没名字的，散在草丛里，像眼睛，像星星，还眨呀眨的。

盼望着，盼望着，东风来了，春天的脚步近了。
一切都像刚睡醒的样子，欣欣然张开了眼。山朗润起来了，水涨起来了，太阳的脸红起来了。
小草偷偷地从土里钻出来，嫩嫩的，绿绿的。园子里，田野里，瞧去，一大片一大片满是的。坐着，躺着，打两个滚，踢几脚球，赛几趟跑，捉几回迷藏。风轻悄悄的，草软绵绵的。
桃树、杏树、梨树，你不让我，我不让你，都开满了花赶趟儿。红的像火，粉的像霞，白的像雪。花里带着甜味儿；闭了眼，树上仿佛已经满是桃儿、杏儿、梨儿。花下成千成百的蜜蜂嗡嗡地闹着，大小的蝴蝶飞来飞去。野花遍地是：杂样儿，有名字的，没名字的，散在草丛里，像眼睛，像星星，还眨呀眨的。

图 8-52　选择文字对象　　　　　　　　图 8-53　视觉边距对齐效果

🖼 上机实战——制作游园活动宣传单

为了让读者能巩固本章知识点，下面讲解一个技能综合案例，使读者对本章的知识有更深入的了解。

◀ 效果展示 ▶

◀ 思路分析 ▶

宣传单可以方便、快捷地传达广告意图，是最常见的宣传方式，下面介绍如何制作游园活动宣传单。

本例首先制作广告背景，然后添加素材图形，最后添加并制作文字效果，完成整体制作。

◀ 制作步骤 ▶

步骤 01　按【Ctrl+N】组合键或执行【新建文档】命令，在弹出的【新建文档】对话框中设置【宽度】为"297mm"、【高度】为"210mm"，单击【确定】按钮，如图 8-54 所示。

步骤 02　选择【矩形工具】▬，在画板中单击，在弹出的【矩形】对话框中，设置【宽度】为"297mm"、【高度】为"210mm"，单击【确定】按钮，如图 8-55 所示。

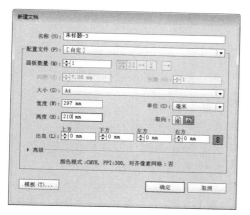

图 8-54 【新建文档】对话框

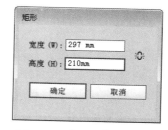

图 8-55 【矩形】对话框

步骤 03 在【渐变】对话框中，设置【类型】为"径向"，【角度】为"0°"，渐变色标为蓝色"#2EA7E0"、浅蓝色"#E4F4FD"，如图 8-56 所示。将矩形移动到画板中间，效果如图 8-57 所示。

图 8-56 【渐变】对话框

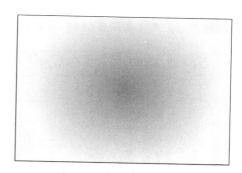

图 8-57 渐变填充效果

步骤 04 使用【钢笔工具】✐绘制路径并填充白色，如图 8-58 所示。执行【对象】→【变换】→【旋转】命令，设置【角度】为"30"，单击【复制】按钮，如图 8-59 所示。

图 8-58 绘制路径

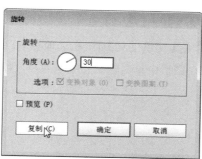

图 8-59 旋转图形

步骤 05 按【Ctrl+D】组合键 4 次，多次复制图形，效果如图 8-60 所示。群组旋转图形后，移动到适当位置，在【透明度】面板中，更改【不透明度】为"30%"，如图 8-61

所示，效果如图 8-62 所示。

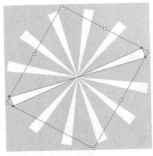

图 8-60　多次复制图形

图 8-61　【透明度】面板

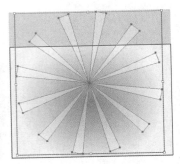

图 8-62　更改不透明度效果

步骤 06　打开"素材文件 \ 第 8 章 \ 云朵 .ai"，复制粘贴到当前文件中，复制多个图形，移动到适当位置，如图 8-63 所示。

步骤 07　打开"素材文件 \ 第 8 章 \ 彩条 .ai"，复制粘贴到当前文件中，移动到适当位置，效果如图 8-64 所示。

步骤 08　选中矩形，执行【编辑】→【复制】命令，再执行【编辑】→【就地粘贴】命令，粘贴图形，效果如图 8-65 所示。

图 8-63　添加云朵

图 8-64　添加彩条

图 8-65　复制并粘贴矩形

步骤 09　使用【选择工具】同时选中白条、云朵、彩条和上层矩形图形，如图 8-66 所示。执行【对象】→【剪切蒙版】→【建立】命令，创建剪切蒙版，效果如图 8-67 所示。

步骤 10　使用工具箱中的【文字工具】，在选项栏中，设置字体为汉仪黑咪体简，【字体大小】为"30mm"，在图形中单击定义文字输入点，如图 8-68 所示。

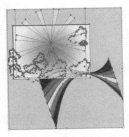

图 8-66　选择图形

图 8-67　创建剪切蒙版

图 8-68　定义文字输入点

步骤 11　在图形中输入文字"宝贝总动员"，如图 8-69 所示。

步骤 12　拖动鼠标选中"总动员"3 个字，在选项栏中，设置【字体大小】为 25mm，效果如图 8-70 所示。

图 8-69　输入文字

图 8-70　更改字体大小

步骤 13　使用【选择工具】选中文字，执行【文字】→【创建轮廓】命令，将文字转换为轮廓，在【渐变】对话框中设置【类型】为"线性"，渐变颜色为橙色 "#DE541A"、浅橙色"#E99413"，如图 8-71 所示。填充渐变色效果，如图 8-72 所示。

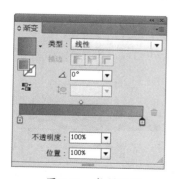

图 8-71　复制图形

图 8-72　填充渐变色效果

步骤 14　在选项栏中，设置描边为白色，【描边粗细】为"1mm"，如图 8-73 所示。继续使用【文字工具】输入文字"美丽时光广场六一游园活动"，在选项栏中，设置文字颜色为白色，字体为汉仪粗圆简，【字体大小】为"12mm"，如图 8-74 所示。

图 8-73　添加文字描边

图 8-74　继续输入文字

步骤15 拖动选中整行文字后，在【字符】面板中，设置字距为"200"，如图8-75所示。调整字距效果如图8-76所示。

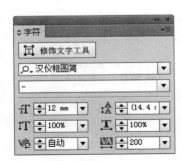

图8-75 【字符】面板

图8-76 调整字距效果

步骤16 执行【效果】→【变形】→【拱形】命令，在弹出的【变形选项】对话框中设置【弯曲】为"-100%"，单击【确定】按钮，如图8-77所示。变形效果如图8-78所示。

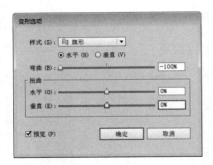

图8-77 【变形选项】对话框

图8-78 变形效果

步骤17 继续使用【文字工具】T输入文字"五彩宝乐会"，在选项栏中，设置文字颜色为白色，字体为汉仪黑咪体简，【字体大小】为"35mm"和"45mm"，如图8-79所示。

步骤18 使用【选择工具】▶选中文字，执行【文字】→【创建轮廓】命令，将文字转换为轮廓，执行【对象】→【取消编组】命令，取消编组，如图8-80所示。

图8-79 输入文字

图8-80 创建轮廓并取消编组

步骤 19 在选项栏中，设置描边颜色为洋红色"#F9F5F4"、蓝色"#F9F5F4"，绿色"#009944"，【描边精细】为"1mm"，效果如图 8-81 所示。

步骤 20 打开"素材文件\第 8 章\房子 .ai"，复制粘贴到当前文件中，移动到适当位置，如图 8-82 所示。

图 8-81 设置描边颜色

图 8-82 添加房子素材

步骤 21 打开"素材文件\第 8 章\小孩 .ai"，复制粘贴到当前文件中，移动到适当位置，如图 8-83 所示。使用【选择工具】选中"宝"，设置【填充】为黄色"#F8E700"，效果如图 8-84 所示。

图 8-83 添加小孩素材

图 8-84 更改文字颜色

🌐 同步训练——制作美味点心宣传名片

为了增强读者动手能力，在上机实战案例的学习后，下面安排一个同步训练案例，让读者达到举一反三、触类旁通的学习效果。

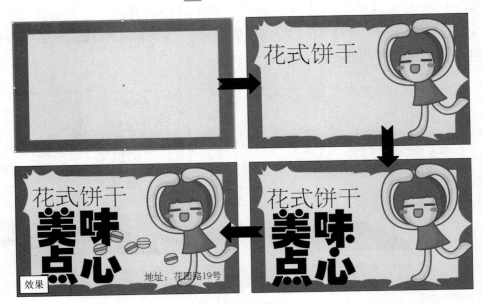

思路分析

宣传名片是宣传产品的窗口，可以让收到名片的人快速了解产品的信息，制作宣传名片的具体操作方法如下。

本例首先使用【矩形工具】■绘制图形，并通过【晶格化工具】■制作背景，然后添加文字和素材，完成制作。

关键步骤

步骤 01　按【Ctrl+N】组合键或执行【新建文档】命令，在弹出的【新建文档】对话框中设置【宽度】为"92mm"、【高度】为"56mm"，单击【确定】按钮，如图 8-85 所示。

步骤 02　选择【矩形工具】■，在画板中单击，在弹出的【矩形】对话框中，设置【宽度】为"92mm"、【高度】为"56mm"，单击【确定】按钮，绘制矩形，如图 8-86 所示。

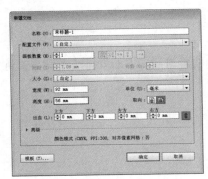

图 8-85　【新建文档】对话框

图 8-86　【矩形】对话框

步骤 03 为矩形填充红色"#D6134C"，移动到面板中间，如图 8-87 所示。

步骤 04 继续选择【矩形工具】▇，在画板中单击，在弹出的【矩形】对话框中，设置【宽度】为"80mm"、【高度】为"46mm"，单击【确定】按钮，如图 8-88 所示。

图 8-87　填充红色

图 8-88　【矩形】对话框

步骤 05 通过前面的操作，绘制矩形，填充黄色"#F5E928"，如图 8-89 所示。在选项栏中，选择【对齐关键对象】选项，如图 8-90 所示。选中红色对象作为关键对象，如图 8-91 所示。

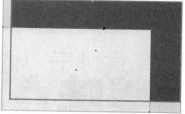

图 8-89　绘制黄色矩形　　图 8-90　【对齐关键对象】选项　　图 8-91　选择关键对象

步骤 06 在选项栏中，单击【水平居中对齐】按钮 ▇，单击【垂直居中对齐】按钮 ▇，如图 8-92 所示。对齐效果如图 8-93 所示。

图 8-93　对齐效果

图 8-92　单击相应按钮

步骤 07 使用【选择工具】▸选中黄色图形，选择【晶格化工具】▨，在边缘拖动，变形图形，如图 8-94 所示。

步骤 08 选择工具箱中的【文字工具】**T**，在图形中输入文字，在选项栏中，设置字体为汉仪报宋简，【字体大小】为"10mm"。

步骤 09　打开"素材文件\第 8 章\跳舞 .ai"，复制粘贴到当前文件中，移动到适当位置，如图 8-95 所示。

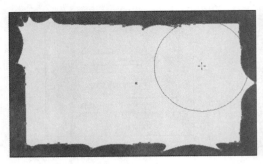
图 8-94　图形变形

图 8-95　添加素材图形

步骤 10　选择工具箱中的【文字工具】 T，在图形中输入文字，在选项栏中，设置字体为汉仪圆叠体简，【字体大小】为"18mm"，如图 8-96 所示。调整文字分行效果，选中文字，效果如图 8-97 所示。

图 8-96　输入文字

图 8-97　调整文字分行效果

步骤 11　在【字符】面板中，设置【行距】为"16mm"，如图 8-98 所示。调整文字分行效果，如图 8-99 所示。

图 8-98　【字符】面板

图 8-99　文字效果

步骤 12　打开"素材文件\第 8 章\饼干 .ai"，复制粘贴到当前文件中，调整并移动到适当位置，如图 8-100 所示。

步骤 13　使用【文字工具】**T**，在图形中输入文字，在选项栏中，设置字体为汉仪报宋简，【字体大小】为 "4mm"，适当调整文字的位置，最终效果如图 8-101 所示。

图 8-100　添加素材

图 8-101　添加文字

知识能力测试

本章讲解了文字效果应用的基本方法，为对知识进行巩固和考核，布置相应的练习题。

一、填空题

1. 输入文字常用的基本工具包括_____和_____，可以在绘制区域中创建点文本和块文本。

2. 在 Illustrator CC 中，可以允许用户将其他应用程序创建的文本文件导入到图稿中，置入命令可以置入_____、_____和_____。

3. 字体中包括许多特殊字符，根据字体的不同，这些字符包括_____、_____、_____、_____和_____字符等。

二、选择题

1. 对于整段文字，创建文本块比点文本更有用，文本块有（　　）的限制，能够简单地通过改变文本框的宽度来改变行宽。

　　A．文本框　　　　　B．变换框　　　　C．控制框　　　　D．宽度

2. 水平和垂直缩放可以更改文字的宽度和高度比例，未缩放字体的值为（　　）。

　　A．110%　　　　　B．0%　　　　　C．50%　　　　　D．100%

3. 若要在对象间串接文本，必须先将文本对象链接在一起。链接的文字对象可以是任何形状，但其文本必须为区域文本或路径文本，而不能为（　　）。

　　A．轮廓文本　　　　B．直排文本　　　C．点文本　　　　D．直排区域文本

三、简答题

1. 为何路径中不能显示所有文字？

2. 字距微调和字距距离有什么区域？

CC

ILLUSTRATOR

第9章
图层和蒙版的应用

本章导读

学会文字编辑后，下一步需要学习图层和蒙版知识，它使对象的管理更加具有条理。本章将详细介绍图层的基础知识、剪切蒙版的基本应用、图层混合模式和图层不透明度等知识。

学习目标

- 熟练掌握图层的基础知识
- 熟练掌握图层混合模式和不透明度知识
- 熟练掌握剪切蒙版操作方法

9.1　图层基础知识

图层可以更加有效地组织对象，在绘图过程中，若创建了一个很复杂的文件，而又想快速准确地跟踪文档窗口的特定图形，使用图层操作是非常高效的。

9.1.1　【图层】面板

在【图层】面板中，提供了一种简单易行的方法，它可以对作品的对象进行选择、隐藏、锁定和更改，也可以创建模板图层。

执行【窗口】→【图层】命令，弹出【图层】面板，如图 9-1 所示；单击面板右上方的 按钮，可以打开图层快捷菜单，该菜单显示了不同选项。

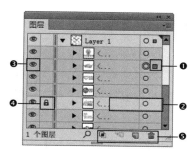

❶ 选择图标	单击可选中图形
❷ 选中的图层	指示当前选择的图层
❸ 切换可视性图标	可切换图层显示与隐藏
❹ 切换锁定	可切换图层锁定 / 解除锁定
❺ 其他按钮	单击 按钮，可以创建或释放剪切蒙版。单击 按钮，可在父图层中创建图层；选中父图层，单击该按钮即可。单击 按钮创建新的父图层。单击 按钮，可删除所选图层或项目

图 9-1　【图层】面板

1．图层缩览图显示

在默认情况下图层缩览图以"中"尺寸显示，在【图层】快捷菜单中，选择【面板选项】命令，弹出【图层面板选项】对话框，在【行大小】栏中启用不同的选项，能够得到不同尺寸的图层缩览图，如图 9-2 所示。

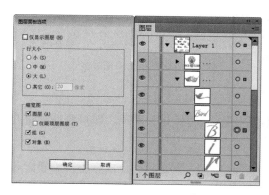
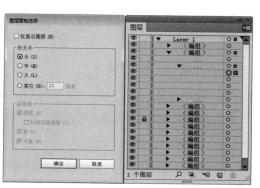

图 9-2　不同尺寸的图层缩览图

处理复制文件时，在【图层】面板中显示缩览图可能会降低性能，所以关闭图层缩览图可以提高性能，在【图层面板选项】对话框中，启用"小"单选按钮即可。

2．显示与隐藏图层

在【图层】面板中，单击左侧的【切换可视性】图标可以控制相应图层中的图形对象的显示与隐藏，通过单击隐藏不同项目，从而得到不同的显示效果，如图 9-3 所示。

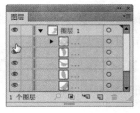

图 9-3　显示与隐藏图层

3．选择图层

默认情况下，每个新建的文档都包含一个图层，该图层称为父图层，所有项目都被组织到这个单一的父图层中。

当【图层】面板中的图层或项目包含其他内容时，图层或项目名称的左侧会出现一个三角形图标▽，单击该三角形图标▽可展开或折叠图层或项目内容；如果没有三角形图标▽，则表明该图层或项目中不包含任何其他内容。

选择图形对象不是通过单击图层来实现的，而是通过单击图层右侧的【定位】图标〇（未选中状态）来实现的，单击该图标后，图标显示为双环◎时，表示项目已被选中，如图 9-4所示。若图标为◉状态时，表示项目添加有滤镜和效果，如图 9-5 所示。

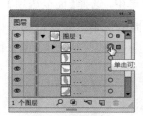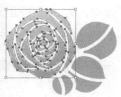

图 9-4　选中图层项目　　　　　　　图 9-5　带滤镜的图标效果

4．锁定图层

在要锁定图层的可编辑列单击，即可锁定图层；只需锁定父图层，即可快速锁定其包含的多个路径、组和子图层。

在切换锁定列表中，若显示锁状图标，则表示项目为锁定状态，内容不可编辑；若显示为空白，则表示项目为可编辑，如图 9-6 所示。

图 9-6　切换锁定状态

5．创建图层

单击【图层】面板底部的【创建新图层】按钮，即可在所选图层上方新建图层，如图 9-7 所示。

若要在选中的图层的内部创建新子图层，则单击【图层】面板底部的【创建新子图层】按钮，即可快速创建一个新的子图层，如图 9-8 所示。

若要在创建新图层时设置图层选项，可以单击【图层】面板右上方的 按钮，在弹出的下拉菜单中选择【新建图层】命令，在弹出的【图层选项】对话框中，可以设置更多选项，如图 9-9 所示。

图 9-7　创建新图层　　　图 9-8　创建新子图层

图 9-9　【图层选项】对话框

技 能 拓 展

按住【Alt】键单击图层名称，可快速选中图层上所有对象；按住【Alt】键单击眼睛图标，可快速显示或隐藏除选定图层以外的所有图层；按住【Ctrl】键单击眼睛图标，可快速为选定的图层选择轮廓；按住【Ctrl】和【Alt】键的同时单击眼睛图标，可为所有其他图层选择轮廓；按住【Alt】键单击锁状图标，可快速锁定或解锁所有图标；按住【Alt】键单击扩展三角形按钮，可快速扩展所有子图层来显示整个结构。

9.1.2　管理图层

在【图层】面板中，无论所选图层位于画板中哪个位置，新建图层均会放置在所选图层的上方，当绘制图形对象后，可以通过移动与合并来重新确定对象在图层中的效果。

1. 将对象移动到另一图层

绘制后的图形对象在画板中移动，只是改变该对象在画面中的位置，要想改变对象在图层中的位置，则需要在【图层】面板中进行操作，具体操作方法如下。

步骤 01 选中需要移动的图形对象所在的图层，单击图层右侧的"选择"图标○，使其显示"选择"图标■，如图 9-10 所示。

步骤 02 单击并拖动"选择"图标■至目标图层中，如图 9-11 所示；拖动后即可将图形对象移动至目标图层中，如图 9-12 所示；如果在拖动鼠标的过程中按住【Alt】键，鼠标右下侧会出现一个小加号，此时可复制对象。

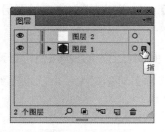
图 9-10　选择对象

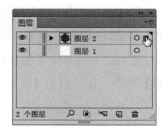
图 9-11　拖动到其他图层

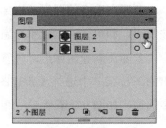
图 9-12　复制到其他图层

技能拓展

选择对象后，单击【图层】面板中目标图层的名称，执行【对象】→【排列】→【发送至当前图层】命令，可以将对象移动到目标图层中。

2. 收集图层

【收集到新图层中】命令会将【图层】面板中的选中图形移动到一个新的图层中。在【图层】面板中选中需要收集的对象，如图 9-13 所示。单击【图层】右上方的下拉按钮，在弹出的快捷菜单中选择【收集到新图层中】命令，如图 9-14 所示。

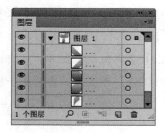
图 9-13　选中需要收集的对象

图 9-14　收集到新图层中

3. 合并所选图层

若要将项目合并到一个图层或组中，单击要合并的图层，或者配合【Shift】键和【Ctrl】

键选择多个图层,如图 9-15 所示。在面板快捷菜单中选择【合并所选图层】命令,图形将会被合并到最后选定的图层中,并清除空的图层,如图 9-16 所示。

图 9-15 选择对象

图 9-16 合并所选图层

4. 拼合图层

在【图层】面板快捷菜单中选择【拼合图稿】命令,可以将面板中的所有图层合并为一个图层,具体操作方法如下。

单击面板中的任意图层,再单击面板右上方的 ▼≣ 按钮,在弹出的快捷菜单中选择【拼合图稿】命令,即可将所有图形对象合并在所选图层中,如图 9-17 所示。

图 9-17 拼合图层

9.2 混合模式和不透明度

选择图形后,可以在【透明度】面板中设置混合模式和不透明度。混合模式决定上下对象之间的混合方式,不透明度决定对象的透明效果。

9.2.1 【透明度】面板

【透明度】面板用于设置对象的混合模式和不透明度,还可以创建不透明度蒙版和挖空效果。执行【窗口】→【透明度】命令,可以打开【透明度】面板,如图 9-18 所示。

❶ 混合模式	设置对象的混合模式
❷ 不透明度	设置所选对象的不透明度
❸ 隔离混合	勾选该复选框后，可以将混合模式与已定位的图层或组进行隔离，以使它们下方的对象不受影响
❹ 挖空组	勾选该复选框后，可以确保编组对象中的单独对象在相互重叠的地方不能透过彼此而显示
❺ 不透明度和蒙版用来定义挖空形状	用来创建与对象不透明度成比例的挖空效果

图 9-18　【透明度】面板

9.2.2 设置对象混合模式

选择对象后，如图 9-19 所示。在【透明度】面板左上角的混合模式下拉列表框中，可以选择一种混合模式，如图 9-20 所示。所选对象会采用该混合模式与下面的对象混合，如图 9-21 所示。Illustrator 提供了 16 种混合模式，每一组中的混合模式都有着相近的用途。

图 9-19　选择对象　　　　图 9-20　【透明度】　　　　图 9-21　混合效果
面板

技能拓展

学习混合模式需要了解的概念：混合色是选定的对象、组或图层的原始色彩；基色是这些对象的下层颜色；结果色是混合后得到的最终颜色。

9.2.3 设置对象不透明度

默认情况下，对象的不透明度为 100%。选择对象后，如图 9-22 所示。在【透明度】面板中，设置【不透明度】值，如设置为 50%，如图 9-23 所示。可以使对象呈现透明效果，如图 9-24 所示。

图 9-22　选择对象

图 9-23　设置不透明度

图 9-24　50% 不透明度效果

剪切蒙版

剪切蒙版是一个可以用形状遮盖其他图稿的对象。因此使用剪切蒙版，只能看到蒙版形状内的区域，从效果上来说，就是将对象裁剪为蒙版的形状。

剪切蒙版和被蒙版的对象统称为剪切组合，以编组的形式显示，如图 9-25 所示。

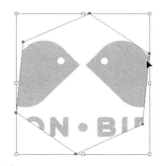

图 9-25　剪切蒙版

9.3.1　为对象添加剪切蒙版

为对象添加剪切蒙版的具体操作方法如下。

步骤 01　选择需要蒙版的对象，确保蒙版对象位于要遮盖对象的上方，如图9-26所示。

步骤 02　在【图层】面板中，单击【建立 / 释放剪切蒙版】按钮，如图9-27所示。剪切蒙版效果如图 9-28 所示。

应用剪切蒙版后，用户可以根据个人喜好和画面整体效果自由调整图形的形状和位置。若要取消蒙版效果，执行【对象】→【剪切蒙版】→【释放】命令或按【Alt+Ctrl+7】组合键即可。

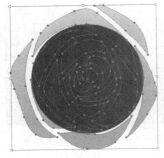
图 9-26　选择图形

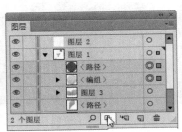
图 9-27　【图层】面板

图 9-28　剪切蒙版效果

9.3.2　为对象添加不透明度蒙版

使用不透明度蒙版，可以更改底层对象的透明度。蒙版对象定义了透明区域和透明度，可以将任何着色或栅格图像作为蒙版对象。

1．创建不透明度蒙版

创建不透明度蒙版的具体操作方法如下。

步骤 01　创建两个图形对象，其中一个图形对象的填充效果为黑色到白色渐变，如图 9-29 所示。

步骤 02　执行【窗口】→【透明度】命令或者按【Ctrl+Shift+F10】组合键，弹出【透明度】面板，单击【制作蒙版】按钮，如图 9-30 所示。通过前面的操作，可得到下方图层的渐隐效果，如图 9-31 所示。

图 9-29　创建两个图形对象

图 9-30　【透明度】面板

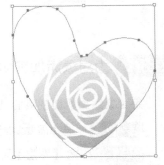
图 9-31　不透明度蒙版效果

2．取消不透明度蒙版的链接

默认情况下，将链接被蒙版对象和蒙版对象，此时移动被蒙版对象时，蒙版对象也会随之移动；而移动蒙版对象时，被蒙版对象却不会随之移动。

要想保持蒙版对象不变，单击改变被蒙版对象，再单击【透明度】面板中缩览图之间的链接符号，这时可以独立于蒙版来移动被蒙版对象并调整其大小。

3．停用和启用不透明蒙版

要停用蒙版，在【图层】面板中定位被蒙版对象，然后按住【Shift】键并单击【透明度】面板中蒙版对象的缩览图，或者从【透明度】面板快捷菜单中选择【停用不透明度蒙版】命令，临时显示被蒙版对象，如图 9-32 所示。

图 9-32　停用不透明度蒙版

4．剪切蒙版

为蒙版指定黑色背景，将被蒙版的对象裁剪到蒙版对象边界。禁用【剪切】复选框可以关闭剪切行为。要为新的不透明蒙版默认启用【剪切】复选框，从【透明度】面板快捷菜单中，选择【新建不透明蒙版为剪切蒙版】命令即可，如图 9-33 所示。

图 9-33　剪切蒙版

5．反相蒙版

反相蒙版对象的明度值，会反相被蒙版对象的不透明度，如图 9-34 所示。例如，10% 透明度区域在蒙版反相为 90% 的透明度。禁用【反相蒙版】复选框，可将蒙版恢复为原始状态，要默认反相所有蒙版，从【透明度】面板快捷菜单中，选择【新建不透明蒙版为反相蒙版】命令。

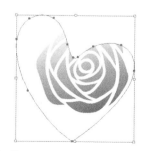

图 9-34　反相蒙版

课堂范例——为纸杯添加图案

步骤 01　打开"素材文件\第 9 章\食品 .ai"，如图 9-35 所示。选中汉堡对象，按住【Alt】键拖动复制到左侧适当位置，如图 9-36 所示。选中白色纸杯对象，按【Ctrl+C】组合键复制对象，执行【编辑】→【就地粘贴】命令来粘贴对象，如图 9-37 所示。

图 9-35　素材图形

图 9-36　复制汉堡对象

图 9-37　复制纸杯对象

步骤 02　使用【选择工具】同时选中复制的汉堡和纸杯对象，如图 9-38 所示；右击，在打开的快捷菜单中选择【建立剪切蒙版】命令，如图 9-39 所示；创建剪切蒙版效果如图 9-40 所示。

图 9-38　选择对象

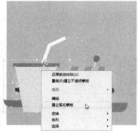
图 9-39　选择命令

图 9-40　创建剪切蒙版效果

步骤 03　在【透明度】面板中，设置【不透明度】为"30%"，如图 9-41 所示。更改不透明度后，最终效果如图 9-42 所示。

图 9-41　【透明度】面板

图 9-42　最终效果

👤 **课堂问答**

通过本章内容的讲解，读者对图层、蒙版应用有了一定的了解，下面列出一些常见的问题供学习参考。

问题 ❶：选择图标右侧的颜色框代表什么意思？

答：当选定项目时，会显示一个颜色框，如果一个项目（如图层或组）包括已选中的对象和其他一些未选中的对象，则会在父图层旁显示一个较小的颜色框；如果父图层中的所有对象均已被选中，则选择颜色框的大小将与选定对象旁的标记大小相同。

问题 ❷：在【图层选项】对话框中，勾选【模板】复选项有什么作用？

答：在【图层选项】对话框中，勾选【模板】复选项可以创建模板图层，模板图层是锁定的非打印图层，可用于手动描摹图像，起到一个辅助作用。由于在打印时不显示，因此不影响最终效果。

问题 ❸：可以快速反转图层顺序吗？

答：选择多个图层后，在【图层】面板中，单击右上角的扩展按钮 ▼≡，在打开的快捷菜单中选择【反向顺序】命令，可以反转它们的图层顺序。

🖼 **上机实战——制作花瓣白瓷盘**

为了让读者能巩固本章知识点，下面讲解一个技能综合案例，使读者对本章的知识有更深入的了解。

效果展示

思路分析

白瓷盘带给人的感觉是白净、清爽。如果给白瓷盘加上花瓣装饰，会带给人更加雅致的视觉感受，下面介绍如何制作花瓣白瓷盘。

本例首先使用【矩形工具】▬▬和【渐变】面板制作背景效果，然后结合【椭圆工具】

和混合命令制作白瓷盘外观，最后通过剪切蒙版添加花瓣素材图形，完成整体制作。

步骤 01　按【Ctrl+N】组合键或执行【新建文档】命令，在弹出的【新建文档】对话框中设置【宽度】为"280mm"、【高度】为"280mm"，单击【确定】按钮，如图 9-43 所示。

步骤 02　选择【矩形工具】 ，在画板中单击，在弹出的【矩形】对话框中，设置【宽度】为"280mm"、【高度】为"280mm"，单击【确定】按钮，将绘制的图形移动到面板中心，如图 9-44 所示。

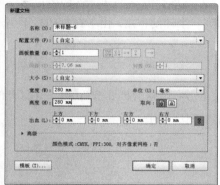

图 9-43　【新建文档】对话框

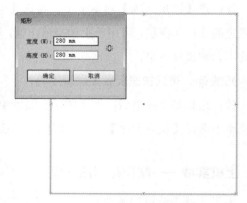

图 9-44　绘制矩形

步骤 03　在【渐变】对话框中，设置【类型】为"径向"、【角度】为"180°"、【长宽比】为"100%"，渐变色标为橙色"#F6C157"、黄色"#EAE955"，如图 9-45 所示。渐变填充效果如图 9-46 所示。

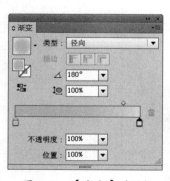

图 9-45　【渐变】对话框

图 9-46　渐变填充效果

步骤 04　选择【椭圆工具】 ，在画板中单击，在弹出的【椭圆】对话框中，设置【宽度】和【高度】均为"207mm"，单击【确定】按钮，如图 9-47 所示。通过前面的操作，绘制圆形，填充深蓝色"#556E7B"，如图 9-48 所示。

图 9-47 【椭圆】对话框

图 9-48 绘制圆形

步骤 05 使用【钢笔工具】 绘制图形，如图 9-49 所示。同时选中两个图形，如图 9-50 所示。执行【对象】→【混合】→【建立】命令，创建混合效果，移动到中间，如图 9-51 所示。

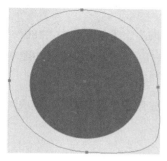

图 9-49 绘制图形

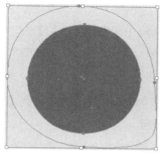

图 9-50 选中图形

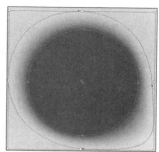

图 9-51 创建混合效果

步骤 06 使用【椭圆工具】 绘制正圆形（宽度和高度均为 239mm），移动到画板中间，如图 9-52 所示。

步骤 07 在【渐变】对话框中，设置【类型】为"径向"、【角度】为"180°"、【长宽比】为"100%"，渐变色标为白色、白色、蓝色"#7C94A0"，色标位置和渐变滑块位置如图 9-53 所示，渐变效果如图 9-54 所示。

图 9-52 绘制正圆形

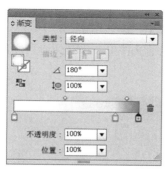

图 9-53 【渐变】对话框

图 9-54 填充渐变色效果

步骤 08 使用【椭圆工具】 绘制正圆形（宽度和高度均为"239mm"），填充白色，移动到画板中间，如图 9-55 所示。

步骤 09　在【图层】面板中，单击【创建新图层】按钮，新建"图层 2"，如图 9-56 所示。使用【椭圆工具】绘制小正圆形（宽度和高度均为"235mm"），和大圆形居中对齐，如图 9-57 所示。

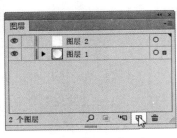

图 9-55　绘制正圆形　　　　图 9-56　【图层】面板　　　　图 9-57　绘制小正圆形

步骤 10　在【渐变】对话框中，设置【类型】为"径向"、【角度】为"180°"、【长宽比】为"100%"，渐变色标为浅蓝色"# D2D9DD"、白色，渐变滑块位置如图 9-58 所示，渐变效果如图 9-59 所示。

步骤 11　在【图层】面板中，拖动"图层 2"到【新建图层】按钮上，生成"图层 2_复制"图层，如图 9-60 所示。

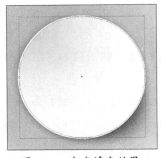

图 9-58　【渐变】对话框　　　图 9-59　渐变填充效果　　　　图 9-60　复制图层

步骤 12　在【图层】面板中，选中"图层 2"，如图 9-61 所示。打开"素材文件\第9 章\花朵 .ai"，复制粘贴到当前文件中，移动到适当位置，如图 9-62 所示。

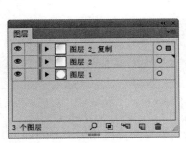

图 9-61　选择图层　　　　　　图 9-62　添加素材

步骤 13 在【图层】面板中，单击"图层2"前方的三角形按钮，展开项目，如图9-63所示。单击"图层2"中"编组"对象右侧的图标，选中对象；按住【Shift】键，单击"图层2_复制"右侧的图标，加选对象，如图9-64所示。

步骤 14 执行【对象】→【剪切蒙版】→【建立】命令，建立剪切蒙版，效果如图9-65所示。

图 9-63 展开图层

图 9-64 选中对象

图 9-65 剪切蒙版效果

同步训练——制作儿童识字卡片

为了增强读者动手能力，在上机实战案例的学习后，下面安排一个同步训练案例，让读者达到举一反三、触类旁通的学习效果。

图解训练

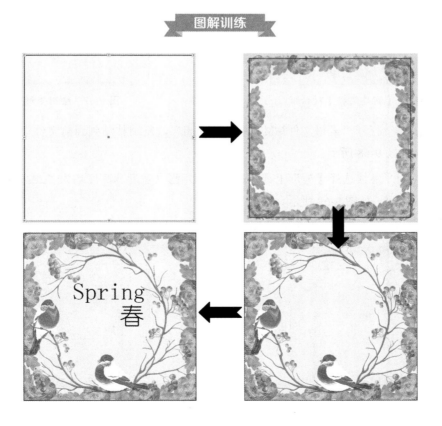

思路分析

儿童印刷品要针对儿童的爱好和特点，设计要简单鲜明，主题突出。制作儿童识字卡片的具体操作方法如下。

本例首先使用【矩形工具】▇▇绘制图形。添加花边素材后，制作剪切蒙版效果；添加小鸟素材后，通过图层混合统一色调，然后添加字母和文字，完成制作。

关键步骤

步骤 01 按【Ctrl+N】组合键或执行【新建文档】命令，在弹出的【新建文档】对话框中设置【宽度】为"282mm"、【高度】为"282mm"，单击【确定】按钮，如图 9-66 所示。

步骤 02 选择【矩形工具】▇▇，在画板中单击，在弹出的【矩形】对话框中，设置【宽度】为"282mm"、【高度】为"282mm"，单击【确定】按钮，绘制矩形，填充浅黄色"#F3EEDB"，如图 9-67 所示。

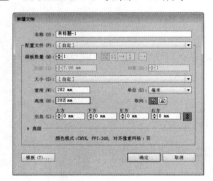

图 9-66 【新建文档】对话框

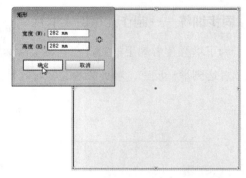

图 9-67 绘制矩形

步骤 03 打开"素材文件 \ 第 9 章 \ 花边 .ai"，复制粘贴到当前文件中，移动到适当位置，如图 9-68 所示。

步骤 04 继续选择【矩形工具】▇▇，绘制矩形（宽度和高度均为"282mm"），移动到面板中间，如图 9-69 所示。

步骤 05 同时选中矩形和花边图形，如图 9-70 所示。

图 9-68 添加素材　　　　图 9-69 绘制矩形　　　　图 9-70 选中图形

步骤 06　在【图层】面板中，单击【建立 / 释放剪切蒙版】按钮█，如图 9-71 所示。
剪切蒙版效果如图 9-72 所示。

图 9-71　【图层】面板

图 9-72　剪切蒙版效果

步骤 07　在【图层】面板中，单击【创建新图层】按钮█，新建"图层 2"，如图 9-73
所示。打开"素材文件 \ 第 9 章 \ 鸟 .ai"，复制粘贴到当前文件中，移动到适当位置，
如图 9-74 所示。

图 9-73　新建图层

图 9-74　添加素材

步骤 08　单击"图层 2"右侧的图标○，选中对象，如图 9-75 所示。在【透明度】
面板中，设置【混合模式】为"颜色减淡"，如图 9-76 所示。

步骤 09　通过前面的操作，使用颜色减淡方式混合图层，效果如图 9-77 所示。

图 9-75　选中对象

图 9-76　【透明度】面板

图 9-77　图层混合效果

步骤 10　复制"图层 2"，生成"图层 2 复制"图层。双击"图层 2"标签，进

入文字输入状态，如图 9-78 所示。更改图层名称为颜色减淡，按【Enter】键确认更改，如图 9-79 所示。使用相同的方法更改"图层 2 复制"名称为"强光"，如图 9-80 所示。

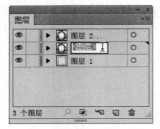
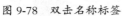

图 9-78　双击名称标签

图 9-79　更改图层名称

图 9-80　继续更改图层名称

步骤 11　单击"强光"右侧的图标○，选中对象，如图 9-81 所示。在【透明度】面板中，设置【混合模式】为"强光"，如图 9-82 所示。向左微移当前对象，效果如图 9-83所示。

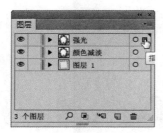

图 9-81　选中对象

图 9-82　【透明度】面板

图 9-83　微移对象

步骤 12　选择【文字工具】T，在画板中输入字母"Spring"，在选项栏中，设置字体为新宋体，文字大小为 40mm，如图 9-84 所示。

步骤 13　继续使用【文字工具】T，在画板中输入文字"春"，在选项栏中，设置字体为幼圆，文字大小为 40mm，如图 9-85 所示。

图 9-84　输入字母

图 9-85　输入文字

知识能力测试

本章讲解了图层、图层混合和蒙版的基本方法，为对知识进行巩固和考核，布置了以下练习题。

一、填空题

1. 在【图层】面板中，提供了一种简单易行的方法，它可以对作品的对象进行____、____、____和____，也可以创建模板图层。

2. 在要锁定图层的可编辑列单击，添加锁状图层，即可锁定图层；只需锁定父图层，即可快速锁定其包含的_____、_____和_____。

3. 若要将项目合并到一个图层或组中，单击要合并的图层，或者配合_____键和_____键选择多个图层。

二、选择题

1. Illustrator CC 提供了（　　）种混合模式，每一组中的混合模式都有着相近的用途。

    A．10　　　　　　　B．41　　　　　　　C．15　　　　　　　D．16

2. 在【图层】面板中，单击左侧的（　　）图标可以控制相应图层中的图形对象的显示与隐藏，通过单击隐藏不同项目，从而得到不同的显示效果。

    A．【切换可视性】　　B．【锁定】　　　C．【切换不可视性】　　D．【眼睛】

3. 在【图层】面板快捷菜单中，选择（　　）命令，可以将面板中的所有图层合并为一个图层。

    A．【向下合并】　　　　　　　　　　B．【收集图稿】

    C．【拼合图稿】　　　　　　　　　　D．【合并图层】

三、简答题

1. 剪切蒙版和不透明度蒙版有什么区别？

2. 如何合并选择对象？

CC
ILLUSTRATOR

第 10 章
效果、样式和滤镜的应用

本章导读

学会图层和蒙版编辑后，下一步需要学习图形效果、样式和滤镜的应用方法和技巧，通过这些功能的应用使读者更加快速地制作出绚丽的图形效果。本章将详细介绍效果应用、外观属性、样式添加和滤镜艺术。

学习目标

- 熟练掌握 3D 艺术效果创建
- 熟练掌握管理与设置艺术效果
- 熟练掌握滤镜艺术效果知识

创建 3D 艺术效果

使用 3D 命令，可以将二维对象转换为三维效果，并且可以通过改变高光方向、阴影、旋转及更多的属性来控制 3D 对象的外观。

10.1.1　创建立体效果

使用【凸出和斜角】命令可以将一个二维对象沿其 z 轴拉伸成为三维对象，是通过挤压的方法为路径增加厚度来创建立体对象，具体操作方法如下。

步骤 01　选择需要创建 3D 艺术效果的对象，如图 10-1 所示。

步骤 02　执行【效果】→【3D】→【凸出和斜角】命令，弹出【3D 凸出和斜角选项】对话框，使用默认参数设置，单击【确定】按钮，如图 10-2 所示；创建 3D 艺术效果如图 10-3 所示。

图 10-1　选择对象　　图 10-2　【3D 凸出和斜角选项】对话框　　图 10-3　　3D 艺术效果

1．旋转角度

在【3D 凸出和斜角选项】对话框的【位置】栏中，可以设置立体图形的旋转选项。

在【位置】选项下拉列表框中，可以选择系统预设的角度，也可以自定义旋转角度。

直接拖动预览窗口内模拟立方体可以直接设置旋转角度，如图 10-4 所示。

在【指定绕 X 轴旋转】 、【指定绕 Y 轴旋转】 和【指定绕 Z 轴旋转】 文本框中可以直接输入旋转角度。

2．透视

在【透视】文本框中输入数值，可以设置对象透视效果，使其对象立体感更加真实，如图 10-5 所示。而未设置透视效果的立体对象和设置透视效果的立体对象，其效果各不相同。

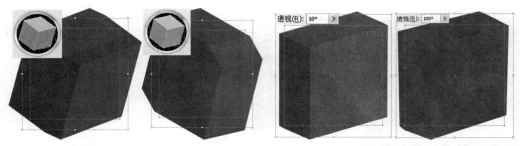

图 10-4　调整旋转角度　　　　　图 10-5　10° 和 100° 透视效果对比

10.1.2 设置凸出和斜角

在【3D 凸出和斜角选项】对话框的【凸出和斜角】栏中，分别包括【凸出厚度】、【端点】、【斜角】和【高度】4 个选项，可以设置更多 3D 属性，下面分别进行介绍。

1．凸出厚度

凸出厚度是用来设置对象沿 z 轴挤压的厚度，该值越大，对象的厚度越大；其中，不同厚度参数的同一对象挤压效果不同，如图 10-6 所示。

2．端点

端点指定显示的对象是实心（开启端点以建立实心外观）还是空心（关闭端点以建立空间外观）对象。在对话框中，单击不同功能按钮，其显示效果也不一样，如图 10-7 所示。

图 10-6　100pt 和 200pt 凸出厚度　　　　　图 10-7　实心和空心外观

3．斜角

斜角是沿对象的深度轴（z 轴）应用所选类型的斜角边缘。在该选项下拉列表框中选择一个斜角形状，可以为立体对象添加斜角效果，如图 10-8 所示。在默认情况下，【斜角】选项为"无"。

4．高度

对立体对象添加斜角效果后，可以在【高度】文本框中输入参数，设置斜角的高度，如图 10-9 所示。

单击【斜角外扩】按钮，可在对象原大小的基础上增加部分像素形成斜角效果；

单击【斜角内缩】按钮，则从对象上切除部分斜角。

图 10-8　不同斜角效果　　　　　　　　图 10-9　　60pt 和 4pt 高度

10.1.3　设置表面

在【3D 凸出和斜角选项】对话框中，还可以设置表面效果以及添加与修改光源。单击【更多选项】按钮，在该对话框中显示【表面】选项组和光源设置选项。

1．设置表面格式

在【表面】下拉列表中提供了 4 种不同的表面模式。线框模式下，显示对象的几何形状轮廓；无底纹模式下显示立体的表面属性，但保留立体的外轮廓；扩散底纹模式使对象以一种柔和、扩散的方式反射光；而塑料效果底纹模式，会使对象模拟塑料的材质及反射光效果，如图 10-10 所示。

图 10-10　设置表面格式效果

2．添加与修改光源

将对象表面效果设置为【扩散底纹】或【塑料效果底纹】选项时，可以在对象上添加光源，从而创建更多光影变化，使其立体效果更加真实。

在【表面】选项组左侧是光源预览框，在默认情况下只有一个光源，如图 10-11 所示。选中光源，拖动鼠标左键可以调整光源位置，如图 10-12 所示。

单击预览框下【新建光源】按钮，可添加一个新光源，如图 10-13 所示。单击【删除光源】按钮，可以删除当前所选择光源；单击【将所选光源移到对象后面】按钮，可切换光源在物体下的前后位置，如图 10-14 所示。【表面】选项栏参数含义如图 10-15 所示。

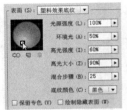

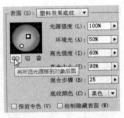

图 10-11　默认光源　　图 10-12　拖动光源　　图 10-13　新建光源　图 10-14　切换前后位置

❶ 光源强度	更改选定光源的强度，强度值在 0% ~ 100% 之间，参数值越高，灯光强度越大	
❷ 环境光	设置周围环境光的强度，影响对象表面整体亮度	
❸ 高光强度	设置高光区域亮度，默认值为 60%，取值越大，高光点越亮	
❹ 高光大小	设置高光区域范围大小，取值越大，高光的范围也就越大	
❺ 混合步骤	设置对象表面色彩变化程度，取值越大，色彩变化效果越细腻	
❻ 保留专色	如果在【底纹颜色】选项中选择了【自定】，则无法保留专色；如果使用了专色，选择该选项可以保证专色不发生变化	
❼ 绘制隐藏表面	显示对象的隐藏表面，如果对象透明或展开对象并将其拉开时，便能看到对象的背面	
❽ 底纹颜色	设置对象暗部的颜色，默认为"黑色"，包括"无""黑色"和"自定"3 种	

图 10-15　【表面】选项栏参数含义

3．设置贴图

在【3D 凸出和斜角选项】对话框中，单击【贴图】按钮，弹出【贴图】对话框，通过该对话框可将将符号或指定的符号添加到立体对象的表面上，具体操作方法如下。

步骤 01　创建任意图形，如图 10-16 所示；执行【效果】→【3D】→【凸出和斜角】命令，弹出【3D 凸出和斜角选项】对话框，使用默认参数，单击下方的【贴图】按钮，如图 10-17 所示。

步骤 02　弹出【贴图】对话框，在【符号】下拉列表框中选择【丝带】选项，单击【缩放以适合】按钮，如图 10-18 所示。返回【3D 凸出和斜角选项】对话框中，单击【确定】按钮，得到贴图效果，如图 10-19 所示。

图 10-16　创建任意图形

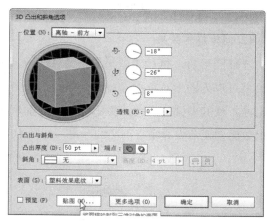

图 10-17　【3D 凸出和斜角选项】对话框

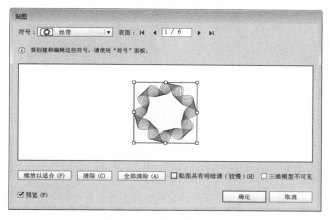

图 10-18　【贴图】对话框

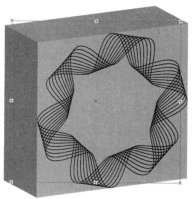

图 10-19　贴图效果

> **温馨提示**
>
> 要在【符号】列表中选择想要的符号，必须首先在【符号】面板中载入要使用的符号或自定义符号。

由于立体对象由多个表面组成，如六边形对象的立体效果有 8 个表面，可将符号贴到立体对象的每个表面上，单击【表面】选项后面的三角形按钮，可选择立体图形的不同表面；然后在【符号】下拉列表中可选择一个符号图案添加到当前的立体表面。

在【贴图】对话框中，添加符号对象后，还可以通过以下选项调整符号对象在立体对象中的显示效果。

（1）缩放以适合：单击该按钮，可使选择的符号适合所选表面的边界。

（2）清除贴图：单击【清除】和【全部清除】按钮可以清除当前所选表面或所有表面的贴图符号。

（3）贴图具有明暗调：启用该复选框，可使添加的符号与立体表面的明暗保持一致。

（4）三维模型不可见：显示作为贴图的符号，而不显示立体对象的外形。

4. 创建绕转效果

选择图形后，执行【效果】→【3D】→【绕转】命令，在弹出的【3D 绕转选项】对话框可以为图形对象添加绕转效果。该命令是围绕全局 y 轴（绕转轴）绕转一条路径或剖面，使其做圆周运动。由于绕转轴是垂直固定的，因此用于绕转的路径应为所需立体对象面向正前方时垂直剖面的一半，如图 10-20 所示。

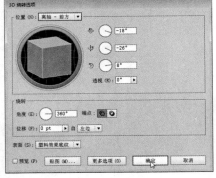

图 10-20　创建绕转效果

【3D 绕转选项】对话框所包含选项组基本与【3D 凸出和斜角选项】对话框所包含的选项组相同，唯一不同的是该对话框包括【绕转】选项组，该选项组包含【角度】、【端点】、【偏移】等选项，而没有【凸出和斜角】选项组，如图 10-21 所示。

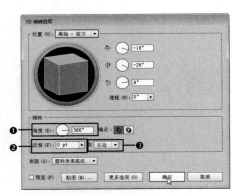

❶ 角度	系统默认的绕转【角度】为 360°，是用来设置对象的环绕角度。如果角度值小于 360°，则对象上会出现断面	
❷ 位移	【位移】选项是在绕转轴与路径之间添加的距离，默认参数值为 0，该参数值越大，对象偏离轴中心越远	
❸ 指定旋转轴	【指定旋转轴】选项用来设置对象绕之转动的轴，可以是左边缘，也可以是右边缘，根据创建绕转图形来选择"左边"还是"右边"，否则会产生错误结果	

图 10-21　【3D 绕转选项】对话框

> **温馨提示**
>
> 由于图形对象中的填充与描边是两个属性，因此在使用图形对象进行【绕转】命令时，绕转一个不带描边的填充路径要比绕转一个带描边路径速度更快。

5．创建旋转效果

【旋转】效果可以将图形对象在模拟的三维空间中旋转，使其产生透视效果。被旋转对象可以是平面图形，也可以是由【凸出和斜角】或【绕转】命令生成的 3D 对象。

选中图形对象后，执行【效果】→【3D】→【旋转】命令，在弹出的【3D 旋转选项】对话框中，使用默认参数，得到旋转效果，如图 10-22 所示。

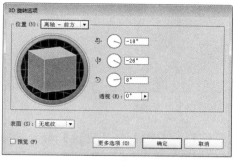

图 10-22　创建旋转效果

课堂范例——制作台灯模型

步骤 01　选择工具箱中的【多边形工具】，在画板中单击，在弹出的【多边形】对话框中，设置【半径】为"35mm"、【边数】为"3"，单击【确定】按钮，如图 10-23 所示。

步骤 02　通过前面的操作，绘制三角形，填充颜色为黄色"#F7E00D"，如图 10-24 所示。

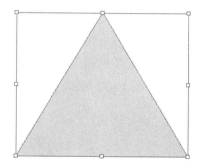

图 10-23　【多边形】对话框　　　　图 10-24　绘制三角形

步骤 03　执行【效果】→【3D】→【绕转】命令，弹出【3D 绕转选项】对话框，在预览框中拖动鼠标调整角度，设置旋转轴位于右边，单击【确定】按钮，如图 10-25 所示。得到 3D 绕转效果，如图 10-26 所示。

步骤 04　使用工具箱中的【钢笔工具】绘制路径，设置描边颜色为深黄色"#7C6E08"，如图 10-27 所示。

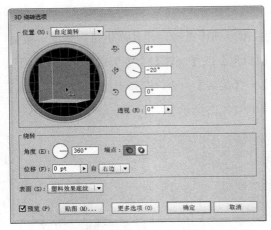

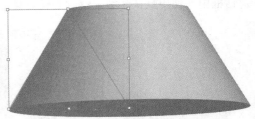

图 10-25 【3D 绕转选项】对话框　　　　　图 10-26　3D 绕转效果

步骤05　执行【效果】→【3D】→【绕转】命令，弹出【3D 绕转选项】对话框，在预览框中拖动鼠标调整角度，设置旋转轴位于左边，单击【确定】按钮，如图 10-28 所示。得到 3D 绕转效果如图 10-29 所示。

图 10-27　绘制路径　　图 10-28　【3D 绕转选项】对话框　　图 10-29　3D 绕转效果

步骤06　拖动右上角的控制点放大图形，移动到适当位置，效果如图 10-30 所示。选择工具箱中的【椭圆工具】，拖动绘制图形，如图 10-31 所示。填充深黄色"#786C2A"，如图 10-32 所示。

图 10-30　放大图形　　　　　图 10-31　绘制图形　　　　　图 10-32　填充颜色

管理与设置艺术效果

在制图过程中可以更加快速地为图形添加艺术效果，本章将介绍外观、样式与效果的应用方法和技巧，其中包括【外观】面板的相关设置和操作过程等。

10.2.1 【外观】面板

外观属性是一组在不改变对象形状的前提下影响对象外观的属性。外观属性包括填色、描边、透明度和效果。

在面板中绘制图形对象后，【外观】面板中自动显示该图形对象的基本属性，如填色、描边、不透明度等，执行【窗口】→【外观】命令或者按【Shift+F6】组合键，弹出【外观】面板，其中面板底部的各个按钮名称以及作用如图 10-33 所示。

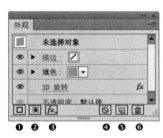

❶ 添加新描边	单击该按钮可为对象添加描边属性
❷ 添加新填色	单击该按钮可为对象添加填色属性
❸ 添加新效果 𝑓𝑥.	单击该按钮会弹出效果选项
❹ 清除外观	单击该按钮，可以清除选中对象的所有属性
❺ 复制所选项目	单击该按钮，可复制所选属性
❻ 删除所选项目	单击该按钮，可删除该属性

图 10-33 【外观】面板

10.2.2 编辑外观属性

【外观】面板除了显示基本属性外，当为图形对象添加效果滤镜时，同样显示在该面板中，在面板中不仅能够重新设置所有属性的参数，还可以复制该属性至其他对象中，或者隐藏某属性，使对象显示不同的效果。

1．重新设置对象属性

当绘制图形对象后，可以在属性栏中更改对象的填色与描边属性，还可以通过【外观】面板重新设置。

选中需要重新设置属性的对象，如图 10-34 所示。执行【窗口】→【外观】命令，打开【外观】对话框，单击【描边】右侧的下拉三角形按钮，设置【描边粗细】为"1mm"，如图 10-35 所示。通过前面的操作，为对象重新设置描边效果，如图 10-36 所示。

图 10-34　选择图形　　　　图 10-35　【外观】面板　　　　图 10-36　描边效果

2．复制属性

在【外观】面板中选中某属性，并将其拖至面板底部的【复制所选项目】按钮🗐上，即可复制该项属性。

当面板中存在两个不同属性的图形对象时，选中其中一个，如图 10-37 所示。在【外观】面板中单击并拖动缩览图至另外一个对象中，如图 10-38 所示；即可将该对象属性复制到其他对象中，如图 10-39 所示。

图 10-37　选中图形　　　　图 10-38　拖动缩览图　　　　图 10-39　快速复制属性

3．隐藏属性

一个对象不仅能够包含多个填色与描边属性，还可以包含多个效果。当【外观】面板中存在多个属性时，可以通过单击属性左侧的【单击以切换可视性】图标，隐藏显示在下方的属性。

10.2.3　图形样式的应用

图形样式是一组可以反复使用的外观属性，用户可以快速将图形样式应用于对象、组和图层。

1．【图形样式】面板的使用

使用【图形样式】面板可以创建、命名和应用外观属性集。执行【窗口】→【图形样式】命令或者按【Shift+F5】组合键，弹出【图形样式】面板，在面板中，会列出一组默认的图形样式，如图 10-40 所示。单击面板右上方的▼≣按钮，会弹出【图形样式】面板快捷菜单，如图 10-41 所示。

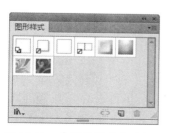

图 10-40　【图形样式】面板　　　　　　　　图 10-41　【图形样式】面板快捷菜单

单击面板底部的【图形样式库菜单】按钮 ，能够弹出一个样式命令面板，选择任何一个命令，均能够打开相应的样式面板，如图 10-42 所示。

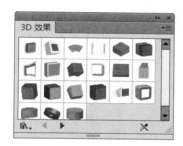

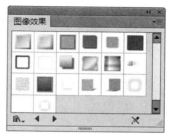

图 10-42　其他样式面板

2．【图形样式】面板的使用

用户可以将样式应用于对象、组和图层，将图形样式应用于组或图层时，组和图层内的所有对象都将具有样式的属性，具体操作方法如下。

选中要应用图形样式的对象，单击面板中的某个样式缩览图即可，如图 10-43 所示。

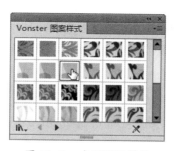

图 10-43　应用图形样式

3．创建图形样式

在【图形样式】面板中除了预设的类型样式外，还可以将现有对象中的效果存储为图形样式，以方便以后的应用，具体操作方法如下。

选中需要创建图形样式的对象。单击【图形样式】面板底部的【新建图形样式】按钮，或将对象直接拖曳至【图形样式】面板中，均能够创建图形样式，如图 10-44 所示。

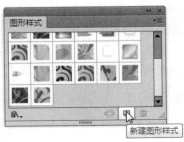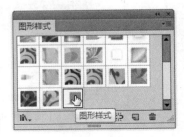

图 10-44　创建图形样式

> **温馨提示**
> 当没有选中任何对象时，或者在空白文档中单击【图形样式】面板底部的【新建图形样式】按钮，将会按照工具箱中的【填充】和【描边】设置来创建图形样式。

10.3 艺术化和滤镜效果

在 Illustrator CC 中，可以为图形对象添加各种艺术效果，还可以为图形对象设置各种风格化效果，从而为矢量图形赋予位图中的各种效果。

10.3.1 使用效果改变对象形状

在【效果】菜单中，上半部分的效果是矢量效果，下半部分的效果为位图效果，但是部分效果命令可同时应用于矢量和位图格式图片。

【效果】菜单中的【变形】和【扭曲和变换】命令与编辑图形对象章节中的变形与变换效果相似，但是前者是通过改变图形形状创建效果，后者则是在不改变图形基本形状的基础上进行变换。

1．【变形】命令

【变形】命令将扭曲或变形对象，应用范围包括路径、文本、网格、混合以及位图图像。执行【效果】→【变形】命令，弹出【变形】对话框，在对话框中选择需要的预设效果即可，完成设置后，单击【确定】按钮即可为对象添加变形效果。

2．【扭曲和变换】命令

使用【扭曲和变换】菜单中的命令可以快速改变矢量对象的形状，如扭拧、收缩和膨胀与波纹效果如图 10-45 所示。它们与使用液化工具组中的工具编辑对象得到的效果相似，但前者是在不改变图形对象路径的基础上进行变形，

图 10-45　扭拧、收缩和膨胀与波纹效果

3．转换为形状

执行【效果】→【转换为形状】命令，在打开的子菜单中选择相应的命令，可以分别将矢量对象的形状转换为矩形、圆角矩形或椭圆，如图 10-46 所示。

图 10-46　转换为形状效果

10.3.2　风格化效果

使用【风格化】子菜单中的命令，可以为对象添加箭头、投影、圆角、羽化边缘、发光及涂抹风格的外观，如图 10-47 所示。

图 10-47　风格化效果

课堂范例——为小魔女添加底图

步骤 01　打开"素材文件\第 10 章\小魔女 .ai"，如图 10-48 所示。

步骤 02　选择工具箱中的【矩形工具】▨，在面板中单击，在弹出的【矩形】对话框中，设置【宽度】为"80mm"、【高度】为"70mm"，单击【确定】按钮，如图 10-49 所示。为绘制的矩形填充蓝色"#11F2F2"，如图 10-50 所示。

图 10-48　素材图形

图 10-49　【矩形】对话框

图 10-50　绘制矩形

步骤 03　执行【对象】→【排列】→【置于底层】命令，移动底图到适当位置，如图 10-51 所示。执行【效果】→【风格化】→【圆角】命令，在弹出的【圆角】对话框中设置【半径】为"30mm"，单击【确定】按钮，如图 10-52 所示。圆角效果如图 10-53 所示。

图 10-51　调整层次和位置

图 10-52　【圆角】对话框

图 10-53　圆角效果

步骤 04　执行【效果】→【风格化】→【内发光】命令，在弹出的【内发光】对话框中设置【模式】为"滤色"，设置发光颜色为黄色"#EFEF11"、【不透明度】为"75%"、【模糊】为"10mm"，勾选【中心】单选按钮，单击【确定】按钮，如图 10-54 所示。内发光效果如图 10-55 所示。

步骤 05　执行【效果】→【风格化】→【涂抹】命令，在弹出的【涂抹选项】对话框中进行参数的设置，设置完成后单击【确定】按钮，如图 10-56 所示。

步骤 06　通过前面的操作，得到涂抹效果，如图 10-57 所示。执行【效果】→【风格化】→【投影】命令，在弹出的【投影】对话框中设置【模式】为"正片叠底"、【X

位移】和【Y 位移】均为 "2.47mm"、【模糊】为 "1.76mm"，投影颜色设置为黄色，单击【确定】按钮，如图 10-58 所示。投影效果如图 10-59 所示。

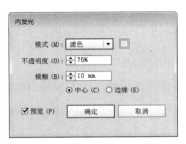

图 10-54　【内发光】对话框

图 10-55　内发光效果

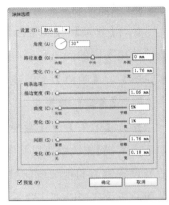

图 10-56　【涂抹选项】对话框

图 10-57　涂抹效果

图 10-58　【投影】对话框

图 10-59　投影效果

10.3.3　滤镜效果的应用

在【效果】菜单中包括多种滤镜菜单命令，可以应用于位图和矢量图形，下面将介绍一些常用的滤镜效果。

1．【像素化】效果组

执行【效果】→【像素化】命令，在打开的子菜单中选择相应的命令即可，【像素化】滤镜组中的滤镜通过使单元格中颜色值相近的像素结成块来清晰地定义一个选区，从而组成不同的图像效果，包括【彩色半调】、【晶格化】、【点状化】、【铜版雕刻】命令。

2．【扭曲】效果组

执行【效果】→【扭曲】命令，在打开的子菜单中选择相应的命令即可，【扭曲】滤镜组中的滤镜命令可以将图像进行几何扭曲，包括【扩散亮光】、【玻璃】和【海洋波纹】命令。

3．【模糊】效果组

执行【效果】→【模糊】命令，在打开的子菜单中选择相应的命令即可，【模糊】

滤镜组中的滤镜命令可以柔化选区或整个图像，对于图像修饰非常有用，包括【径向模糊】、【特殊模糊】、【高斯模糊】命令。

4．【画笔描边】效果组

执行【效果】→【画笔描边】命令，在打开的子菜单中选择相应的命令即可,【画笔描边】滤镜使用不同的画笔和油墨描边效果创造出绘画效果的外观，包括【成角的线条】、【墨水轮廓】、【喷溅】等滤镜命令。

5．【素描】效果组

执行【效果】→【素描】命令，在打开的子菜单中选择相应的命令即可。

【素描】滤镜组可以将图像转换为绘画效果,使图像看起来像是用钢笔或木炭绘制的。适当设置钢笔的粗细或前景色、背景色，可以得到更真实的效果。该滤镜组中的滤镜都是用前景色代表暗部，背景色代表亮部，因此颜色的设置会直接影响到滤镜的效果。

6．【纹理】效果组

执行【效果】→【纹理】命令，在打开的子菜单中选择相应的命令即可，【纹理】滤镜组可以为图像添加特殊的纹理质感，包括【龟裂缝】、【颗粒】、【马赛克拼贴】、【拼缀图】、【染色玻璃】、【纹理化】6 个滤镜命令。

7．【艺术效果】效果组

执行【效果】→【艺术效果】命令，在打开的子菜单中选择相应的命令即可，使用【艺术效果】滤镜组中的命令可以使一幅普通的图像具有艺术风格的效果，且绘画形式多样，包括油画、水彩画、铅笔画、粉笔画、水粉画等不同的艺术效果。

8．【视频】效果组

执行【效果】→【视频】命令，在打开的子菜单中选择相应的命令即可，【视频】滤镜组中的滤镜命令主要用于控制视频输入或输出，它们主要用于处理从摄像机输出图像或将图像输出到录像带上，包括【NTSC 颜色】和【逐行】两个滤镜命令。

9．【锐化】效果组

【锐化】滤镜组中包括【USM 锐化】命令，使用【USM 锐化】命令可以查找图像中颜色发生显著变化的区域，然后将其锐化，使图像看起来更加清晰。

10．【风格化】效果组

【风格化】滤镜组中包括【照亮边缘】命令，【照亮边缘】滤镜可以描绘颜色的边缘，并向其添加类似霓虹灯照的边缘光亮。此滤镜可多次使用，以加强边缘光亮效果。

课堂范例——制作温馨图像效果

步骤 01　打开"素材文件 \ 第 10 章 \ 花环 .jpg"，使用【选择工具】选中花环图像，如图 10-60 所示。

步骤 02　执行【滤镜】→【扭曲】→【扩散亮光】命令，打开【扩散亮光】对话框，在右侧，设置【粒度】为"8"、【发光量】为"2"、【清除数量】为"18"，单击【确定】按钮，如图 10-61 所示。

图 10-60　素材图像　　　　　　　　图 10-61　设置扩散亮光参数值

步骤 03　通过前面的操作，得到扩散亮光效果，如图 10-62 所示。执行【效果】→【模糊】→【径向模糊】命令，在弹出的【径向模糊】对话框中，设置【数量】为"10"、【模糊方法】为"缩放"，拖动右侧的中心模糊到左上位置，单击【确定】按钮，如图 10-63 所示。

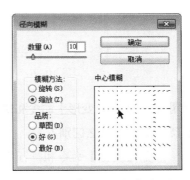

图 10-62　扩散亮光效果　　　　　　图 10-63　【径向模糊】对话框

步骤 04　通过前面的操作，得到径向模糊效果，如图 10-64 所示。选择工具箱中的【光晕工具】，从左上往右下拖动鼠标创建光晕，最终效果如图 10-65 所示。

图 10-64　径向模糊效果　　　　　　图 10-65　光晕效果

👤 **课堂问答**

通过本章内容的讲解，读者对效果、样式和滤镜有了一定的了解，下面列出一些常见的问题供学习参考。

问题❶：为何不能拖动【外观】面板中的属性复制到其他对象中？

答：拖动复制属性到其他对象时，【外观】面板中的缩览图必须显示，否则将无法进行复制。当面板中的缩览图被隐藏时，选择该面板快捷菜单中的【显示缩览图】命令即可将其显示出来。

问题❷：通过样式面板添加样式时，可以预览效果吗？

答：当画板中没有任何对象或者没有选中任何对象时，右击样式缩览图，放大后的缩览图以矩形形状显示。如果是选中某个对象后右击样式缩览图，那么会以该对象的形状显示放大后的效果，如图 10-66 所示。

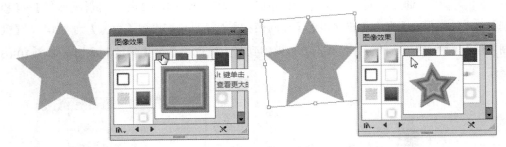

图 10-66 【图像效果】样式面板预览效果

问题❸：使用【变形】命令和执行【对象】→【封套扭曲】→【用变形建立】命令创建的变形效果有什么区别？

答：使用【变形】命令和执行【对象】→【封套扭曲】→【用变形建立】命令创建的变形效果相同，而通过前者得到图形对象的外形虽然发生了变化，但是图形对象的路径并没有任何变化。

使用【变换】命令创建的变形效果如图 10-67 所示。执行【对象】→【封套扭曲】→【用变形建立】命令创建的变形效果如图 10-68 所示。

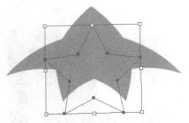

图 10-67 使用【变形】命令创建
的变形效果

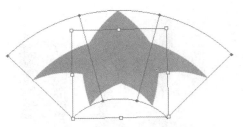

图 10-68 使用【用变形建立】命令创建
的变形效果

上机实战——制作书籍立体效果

为了让读者能巩固本章知识点，下面讲解一个技能综合案例，使读者对本章的知识有更深入的了解。

效果展示

思路分析

制作书籍包装设计时，制作出立体效果图，可以观察书籍成品的真实效果，下面介绍如何制作书籍立体效果。

本例首先制作书籍正面和侧面图形符号，然后使用【矩形工具】■绘制书籍外形，通过【凸出和斜角】命令制作立体模型并贴图，最后添加外发光和投影效果，完成整体制作。

制作步骤

步骤 01 打开"素材文件 \ 第 10 章 \ 书籍正侧面 .ai"，使用【选择工具】选中正面图形，如图 10-69 所示。

步骤 02 执行【窗口】→【符号】命令，打开【符号】面板中，单击【新建符号】按钮，如图 10-70 所示。在弹出的【符号选项】对话框中，设置【名称】为"正面"，单击【确定】按钮，如图 10-71 所示。

步骤 03 通过前面的操作，创建"正面"符号，如图 10-72 所示。选择"侧面"图形，使用相同的方法，创建"侧面"符号，如图 10-73 所示。选择工具箱中的【矩形工具】■，创建和正面相同大小的矩形，填充灰色，如图 10-74 所示。

图 10-69　选择正面图形

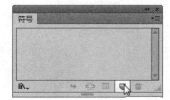

图 10-70　【符号】面板

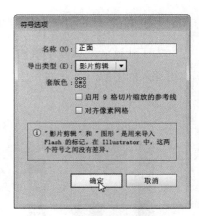

图 10-71　【符号选项】对话框

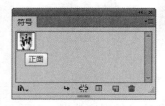

图 10-72　创建"正面"符号

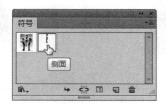

图 10-73　创建"侧面"符号

图 10-74　绘制矩形

步骤 04　执行【效果】→【3D】→【凸出和斜角】命令，弹出【3D 凸出和斜角选项】对话框，使用默认参数设置，单击【贴图】按钮，如图 10-75 所示。在弹出的【贴图】对话框中，设置【符号】为"正面"，如图 10-76 所示。

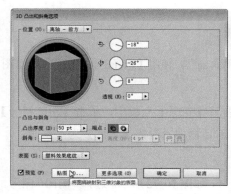

图 10-75　【3D 凸出和斜角选项】对话框

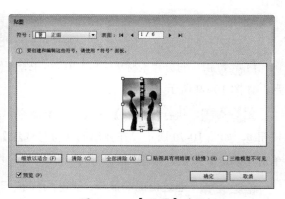

图 10-76　【贴图】对话框

步骤 05　在面板中，预览正面贴图效果，如图 10-77 所示。继续在【贴图】对话框中，设置【表面】为 5/6，选中第 5 个表面，如图 10-78 所示。

图 10-77　正面贴图效果

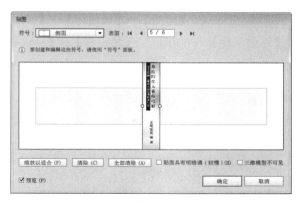

图 10-78　选择侧面并贴图

> **步骤 06**　旋转侧面的旋转角度和大小，单击【确定】按钮，如图 10-79 所示。返回【3D 凸出和斜角选项】对话框中，单击【确定】按钮，得到侧面贴图效果，如图 10-80 所示。

图 10-79　调整侧面角度和大小

图 10-80　侧面贴图效果

> **步骤 07**　执行【效果】→【风格化】→【外发光】命令，在弹出的【外发光】对话框中设置发光颜色为深蓝色"#1F0B70"，单击【确定】按钮，如图 10-81 所示。外发光效果如图 10-82 所示。

图 10-81　【外发光】对话框

图 10-82　外发光效果

步骤 08 执行【效果】→【风格化】→【投影】命令，在弹出的【投影】对话框中，设置【不透明度】为"30%"，【X 位移】和【Y 位移】为"5mm"，【模糊】为"5mm"，单击【确定】按钮，如图 10-83 所示。投影效果如图 10-84 所示。

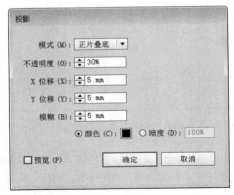

图 10-83 【投影】对话框

图 10-84 投影效果

🌐 同步训练——制作发光的灯泡

为了增强读者动手能力，在上机实战案例的学习后，下面安排一个同步训练案例，让读者达到举一反三、触类旁通的学习效果。

图解训练

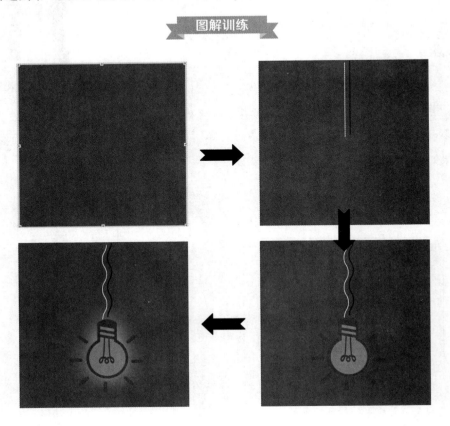

灯泡不仅可以照明，还可以对家居起到很好的装饰作用。在 Illustrator CC 中制作发光灯泡的具体操作方法如下。

本例首先使用【矩形工具】■绘制底图。使用【直线工具】✓绘制灯泡的吊绳，然后添加灯光素材，并通过【外发光】命令制作灯泡的发光效果，完成制作。

步骤 01 按【Ctrl+N】组合键或执行【新建文档】命令，在弹出的【新建文档】对话框中设置【宽度】为"800px"、【高度】为"800px"，单击【确定】按钮，如图 10-85 所示。

步骤 02 选择【矩形工具】■，在画板中单击，在弹出的【矩形】对话框中，设置【宽度】为"800px"、【高度】为"800px"，单击【确定】按钮，绘制矩形，填充浅黄色"#F3EEDB"，如图 10-86 所示。

图 10-85 【新建文档】对话框

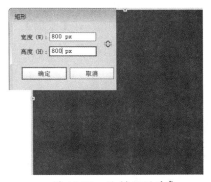

图 10-86 绘制矩形对象

步骤 03 选择工具箱中的【直线工具】✓，绘制两条直线，设置颜色分别为白色和黑色，【描边粗细】为"1mm"和"2mm"，如图 10-87 所示。

步骤 04 执行【效果】→【扭曲和变换】→【波纹效果】命令，设置【大小】为"10px"、【点】为"平滑"，单击【确定】按钮，如图 10-88 所示。

图 10-87 绘制两条直线

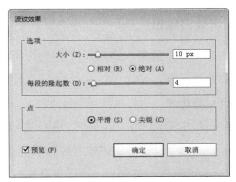

图 10-88 【波纹效果】对话框

步骤 05 通过前面的操作，得到波纹扭曲效果，如图10-89所示。打开"素材文件\第10章\灯泡.ai"，复制粘贴到当前文件中，移动到适当位置，如图10-90所示。

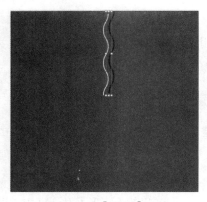
图 10-89 【图层】面板

图 10-90 剪切蒙版效果

步骤 06 使用【选择工具】选中红色灯泡体，执行【效果】→【风格化】→【外发光】命令，在弹出的【外发光】对话框中，设置【模式】为"滤色"、发光颜色为黄色、【不透明度】为"100%"、【模糊】为"50px"，单击【确定】按钮，如图10-91所示。发光效果如图10-92所示。

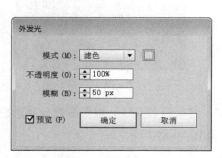
图 10-91 【外发光】对话框

图 10-92 外发光效果

📖 知识能力测试

本章讲解了效果、样式和滤镜应用的基本方法，为对知识进行巩固和考核，下面布置相应的练习题。

一、填空题

1. 使用 3D 命令，可以将二维对象转换为三维效果，并且可以通过改变_____、_____、_____及更多的属性来控制 3D 对象的外观。

2. 当绘制图形对象后，可以在属性栏中更改对象的_____与_____属性，还可以通过【外观】面板重新设置。

3. 【变形】命令将扭曲或变形对象，应用范围包括＿＿＿＿＿、＿＿＿＿＿、＿＿＿＿＿、＿＿＿＿＿及＿＿＿＿＿图像。执行【效果】→【变形】命令，弹出【变形】对话框，在对话框中选择需要的预设效果即可，完成设置后单击【确定】按钮，即可为对象添加变形效果。

二、选择题

1. 使用【凸出和斜角】命令可以将一个二维对象沿其（　　）拉伸成为三维对象，是通过挤压的方法为路径增加厚度来创建立体对象。

  A．z 轴   B．y 轴   C．x 轴   D．a 轴

2. （　　）是一组可以反复使用的外观属性，用户可以快速将样式应用于对象、组和图层。

  A．滤镜效果   B．图形样式   C．变形   D．扭曲

3. 当绘制图形对象后，可以在属性栏中更改对象的填色与描边属性，还可以通过（　　）面板重新设置。

  A．【颜色】   B．【填色】   C．【外观】   D．【描边】

三、简答题

1. 【凸出和斜角】命令通过什么方式创建 3D 效果？

2. 【素描】效果组有什么作用？

CC
ILLUSTRATOR

第 11 章
符号和图表的应用

本章导读

学会效果和滤镜应用后，下一步需要学习符号和图表应用方法和技巧。

本章将详细介绍符号和图表的创建与编辑。使用符号图形对象进行重复调用，可以减少文件容量；在 Illustrator CC 中，可以创建 9 种不同类型的图表，并能够对创建图表的数据、类型、样式及符号进行修改。

学习目标

- 熟练掌握符号的应用
- 熟练掌握图表的应用

11.1 符号的应用

符号是在文档中可重复使用的对象，下面主要介绍符号的各种相关知识及与符号相关的各种工具的应用方法和技巧。

11.1.1 了解符号面板

在【符号】面板中，绘制多个重复图形变得非常简单，在【符号】面板中包括大量的符号，还可以自己创建符号和编辑符号，执行【窗口】→【符号】命令，可以打开【符号】面板，如图 11-1 所示。单击面板右上方的 按钮，可以打开【符号】面板快捷菜单，如图 11-2 所示。

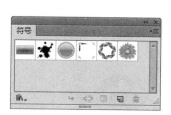

图 11-1 【符号】面板

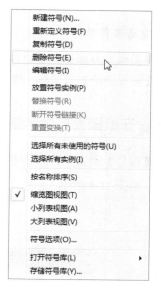

图 11-2 【符号】面板快捷菜单

单击面板底部的【符号库菜单】按钮 ，或者选择管理菜单中的【打开符号库】命令，选择其中的命令即可打开各种预设的【符号】面板，如图 11-3 所示。

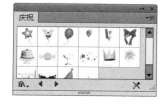 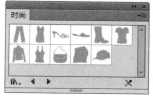 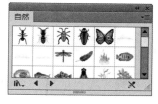

图 11-3 其他预设符号面板

在【符号】面板中，可以实际更改符号的显示、复制符号和重命名符号的操作，在面板中包含多种预设符号，可以从符号库或创建的库中添加符号。

1．更改面板中符号的显示

符号的显示可以通过在面板快捷菜单中选择视图选项来调整，如果选择【缩览图视图】选项显示缩览图；选择【小列表视图】选项显示带有小缩览图命名符号的列表；选择【大列表视图】选项显示带有大缩览图命名符号的列表。

2．复制面板中的符号

通过复制【符号】面板中的符号，可以很轻松地基于现有符号创建新符号，共有 3 种复制方法。

方法一：在【符号】面板中，选择一个符号，并从面板快捷菜单中选择【复制符号】命令即可。

方法二：选择一个符号实例，在属性面板中单击【复制】按钮即可。

方法三：在【符号】面板中，直接将需要复制的按钮拖动到【复制符号】按钮上进行复制。

3．重命名符号

重命名符号方便以后编辑符号，可以在【符号】面板中单击【符号选项】按钮，从而打开【符号选项】对话框，输入名称来实现重命名。

11.1.2 在绘图面板中创建符号实例

在【符号】面板中，单击并拖动符号缩览图至画板中，即可将该符号创建为一个符号实例，如图 11-4 所示。

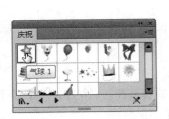

图 11-4　创建符号实例

11.1.3 编辑符号实例

在画板中应用符号后，还可以按照操作其他对象的相同方式，对符号实例进行简单的操作，并且还能够使符号实例与符号脱离，形成普通的图形对象。

1．修改符号实例

在画板中创建符号后，可以对其进行移动、缩放、旋转或倾斜等操作，像普通图形一样操作即可。

> **温馨提示**
>
> 无论是缩放还是复制符号实例，并不会改变原始符号本身，只是改变符号实例在画板中的显示效果。

2．断开符号链接

在画板中创建符号实例，均与【符号】面板中的符号相链接，如果修改符号的形状或颜色，画板中的符号实例同时也会发生变化。

如果用户想单独编辑符号实例，或者与【符号】面板中的符号断开链接，可以选中面板中的符号实例，单击【符号】面板底部的【断开符号链接】按钮ᴥ，即可将符号实例转换为普通图形，如图 11-5 所示。

图 11-5　断开符号链接效果

> **温馨提示**
>
> 选中符号实例后，单击属性栏中的【断开】按钮ᴥ，或者执行【对象】→【扩展】命令，也能够断开符号链接。

3．替换符号链接

当在画板中创建并编辑符号实例后，又想更换实例中的符号，可以选中符号实例，如图 11-6 所示。单击属性栏中的【替换】右侧的下拉三角形按钮，在打开的下拉列表框中，选择其他符号，如"气球 3"，如图 11-7 所示。通过前面的操作，替换实例中的符号，效果如图 11-8 所示。

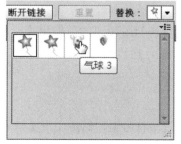

图 11-6　选中符号实例　　　　图 11-7　选择其他符号　　图 11-8　替换实例中的符号效果

11.1.4 符号工具的应用

在面板中创建符号实例后，可以使用【选择工具】进行简单的编辑，但是为了更精确地编辑符号实例，可以使用符号工具组中的工具进行实例编辑，例如，对符号实例进行创建、位移、旋转、着色等操作。

1. 符号喷枪工具

双击【符号喷枪工具】按钮，弹出【符号工具选项】对话框，如图 11-9 所示。使用【符号喷枪工具】在绘图面板中拖动可以创建符号组。

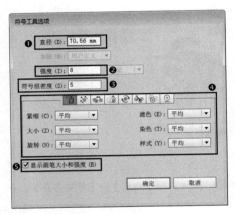

❶ 直径	指定工具的画笔大小
❷ 强度	指定更改的速率，值越高，更改越快
❸ 符号组密度	指定符号组的吸引值（值越高，符号实例堆积密度越大），此设置应用于整个符号集
❹ 方法	指定【符号紧缩器】、【符号缩放器】、【符号旋转器】、【符号着色器】、【符号滤色器】和【符号样式器】工具调整符号实例的方式
❺ 显示画笔大小和强度	启用该复选框，使用工具时将显示画笔大小

图 11-9　【符号工具选项】对话框

> **温馨提示**
>
> 使用【符号喷枪工具】创建的都是大小、方向相同的符号，可以通过不同的符号编辑工具来调整符号以达到所需的效果。在【符号工具选项】对话框中，单击不同的工具按钮，即可更改符号的大小、方向、颜色等。

2. 符号移位器工具

首先使用【选择工具】选中符号组，然后使用【符号位移器工具】在符号组上拖动可以调整已选中符号的位置，通过调整选项的数值来调整所要更改符号的范围，如图 11-10 所示。

3. 符号紧缩器工具

首先使用【选择工具】选中符号组，然后使用【符号紧缩器工具】在符号组上单击或拖动可以改变要紧缩符号的范围，如图 11-11 所示。

4．符号缩放器工具

首先使用【选择工具】选中符号组，然后使用【符号缩放器工具】在符号组上单击或拖动可以改变符号的大小，调整选项可以调整缩放符号的范围，如图 11-12 所示。

图 11-10　拖动符号组　　　　图 11-11　紧缩符号组　　　　图 11-12　缩放符号组

5．符号旋转器工具

首先使用【选择工具】选中符号组，然后使用【符号旋转器工具】在符号组上拖动可以改变符号的方向，通过调整选项的数值来调整所要改变符号的范围，如图 11-13 所示。

6．符号着色器工具

首先使用【选择工具】选中符号组，然后使用【符号着色器工具】在符号组上单击或拖动可以改变符号的颜色，同时配合【填色】按钮，通过改变选项来调整着色符号的范围，如图 11-14 所示。

7．符号滤色器工具

首先使用【选择工具】选中符号组，然后使用【符号滤色器工具】在符号组上单击或拖动可以改变符号的透明度，如图 11-15 所示。

图 11-13　旋转符号组　　　　图 11-14　符号着色组　　　　图 11-15　符号滤色组

8．符号样式器工具

首先使用【选择工具】选中符号组，如图 11-16 所示。在【图形样式】面板可以为符号选择样式，如图 11-17 所示。然后使用【符号样式器工具】◎在符号组上单击或拖动可以改变符号样式，如图 11-18 所示。

图 11-16　选中符号组　　　　图 11-17　【图形样式】面板　　　图 11-18　改变符号样式

11.1.5　创建与编辑符号样式

用户可以将绘制的图形转换为符号，以方便以后进行使用，无论是预设符号还是创建的符号，均能够重新编辑与定义该符号。

1. 创建符号

Illustrator CC 能够将路径、复合路径、文本对象、栅格图像、网格对象和对象组对象转换为符号，但是不能转换外部链接的位图或一些图表组。创建符号的具体操作方法如下。

步骤 01　选中绘制完成的图形，如图 11-19 所示。

步骤 02　单击【符号】面板底部的【新建符号】按钮🔲，或者将图形直接拖入【符号】面板中，弹出【符号选项】对话框，在【名称】文本框中输入符号名称，单击【确定】按钮，如图 11-20 所示；即可在该面板中创建符号，并且将图形转换为符号实例，如 11-21 所示。

图 11-19　选中图形　　　图 11-20　【符号选项】对话框　图 11-21　创建"熊猫"符号

2. 编辑符号

符号是由图形组成的，所以符号的形状也能够进行修改，如果符号的形状被修改，那么与之链接的符号实例也会随之发生变化，编辑符号的具体操作方法如下。

步骤 01　双击【符号】面板中符号图标，也可以通过双击绘制区域中的符号实例或者单击选项栏中的【编辑符号】按钮 [编辑符号]，即可进入符号编辑模式进行编辑，如更改符号背景为绿色，如图 11-22 所示。

步骤 02　完成符号编辑后，单击【退出隔离模式】按钮 ，即可发现画板中同一个符号的实例以及【符号】面板中的符号均会发生相应变化，如图 11-23 所示。

图 11-22　编辑符号

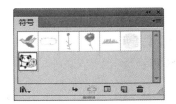

图 11-23　"熊猫"符号效果

3. 重新定义符号

在【符号】面板中，可以使用其他图形重新定义符号的形状，具体操作方法如下。

选中画板中的图形，单击【符号】面板中将要被替换的符号，如图 11-24 所示。单击面板右上角的 按钮，在打开的快捷菜单中选择【重新定义符号】命令，如图 11-25 所示；即可将其替换为选中的图形，如图 11-26 所示。

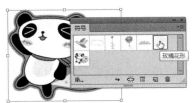

图 11-24　选择图形和符号

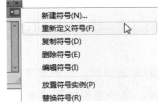

图 11-25　选择【重新定义符号】命令

图 11-26　重新定义符号效果

11.2　图表的应用

图表功能以可视直观的方式显示统计信息，用户可以创建 9 种不同类型的图表并自定义这些图表以满足创建者的需要。

11.2.1　创建图表

在 Illustrator CC 中，可以创建的图表类型非常丰富，包括柱形、堆积柱形、条形、堆积条形、折线图等类型。下面分别进行介绍。

1．柱形图表

使用【柱形图工具】 创建的图表，是以垂直柱形来表示数值的，该工具创建的图表简单明了，并且操作简单，在画板中单击并拖动创建，在弹出的【图表数据】对话框中输入数据，即可得到基本图表对象，如图 11-27 所示。

2．堆积柱形图表

使用【堆积柱形图工具】 创建的图表与柱形图类似，但是它将各个柱形堆积起来，而不是互相并列，这种图表类型可用于表示部分与总体之间的关系。

3．条形图表

使用【条形图工具】 创建的图表与柱形图类似，但是柱形是水平放置的，如图 11-28 所示。

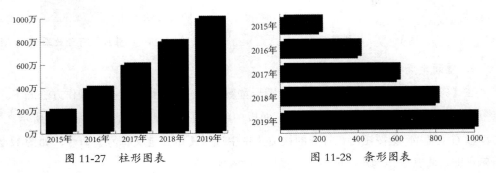

图 11-27　柱形图表　　　　　　　图 11-28　条形图表

4．堆积条形图表

使用【堆积条形图工具】 创建的图表与堆积柱形图表类似，它将各个条形堆积起来。

5．折线图表

使用【折线图工具】 创建的图表，是用点来表示一组或多组数值，并且对每组中的点都采用不同的线段来连接。这种图表类型通常用于表示在一段时间内一个或多个主题的趋势，如图 11-29 所示。

6．面积图表

使用【面积图工具】 创建的图表与折线图类似，但是它强调数值的整体和变化情况，如图 11-30 所示。

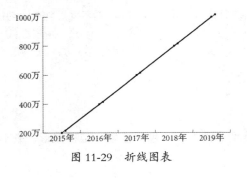
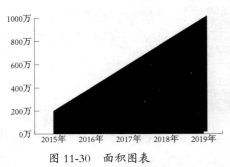

图 11-29　折线图表　　　　　　　图 11-30　面积图表

7．散点图表

使用【散点图工具】创建的图表沿 x 轴和 y 轴将数据点作为成对的坐标组进行绘制，散点图可用于识别数据中的图案或趋势，它们还可表示变量是否相互影响。

8．饼图图表

使用【饼图工具】⊘可以创建圆形图表，它表示所比较数值的相对比例范围，如图 11-31 所示。

9．雷达图表

使用【雷达图工具】⊗创建的图表可在某一特定时间点或特定类别上比较数值组，并以图形格式表示，这种图表类型也称为网状图，如图 11-32 所示。

图 11-31　饼图图表

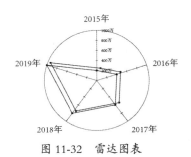

图 11-32　雷达图表

11.2.2 修改图表数据

在创建图表的过程，【图表数据】对话框是在创建的同时弹出并且进行数据输入的，当图表创建完成后，该对话框被关闭，要想重新输入或者修改图表中的数据，具体操作方法如下。

步骤 01　选中需要修改数据的图表，如图 11-33 所示。执行【对象】→【图表】→【数据】命令，重新打开【图表数据】对话框。在该对话框中单击要更改的单元格，在文本框中输入数值或者文字来修改图表的数据，如图 11-34 所示。

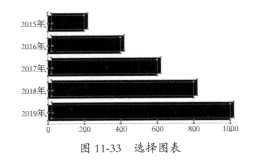

图 11-33　选择图表

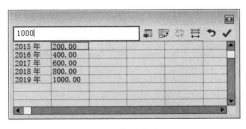

图 11-34　修改数据

步骤 03　单击对话框中的【应用】按钮，如图 11-35 所示。图表中的数据被更改，柱形图发生变化，如图 11-36 所示。

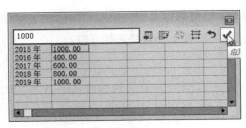

图 11-35　【应用】按钮修改

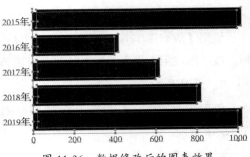

图 11-36　数据修改后的图表效果

11.2.3　更改图表类型

当创建一种图表类型后，还可以将其更改为其他类型的图表，以更多的方式加以展示。选中创建的图表，执行【对象】→【图表】→【类型】命令，在弹出的【图表类型】对话框中，单击【类型】选项组中的某个类型按钮，即可改变图表类型。

11.2.4　设置图表选项

创建图表后，还可以更改图表轴的外观和位置、添加投影、移动图例、组合显示不同的图表类型，通过使用【选择工具】选定图表，执行【对象】→【图表】→【类型】命令，可以查看图表设置的选项。

1．设置图表格式和自定格式

用户可以像修改普通图形一样，更改图表格式，包括更改底纹的颜色、更改字体和文字样式，移动、对称、切变、旋转或缩放图表的任何部分，并自定列和标记的设计。

在【图表类型】对话框中，启用【样式】选项组中的【添加投影】复选框后，单击【确定】按钮，可以为图表添加投影效果，如图 11-37 所示。

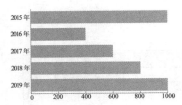
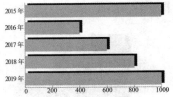

图 11-37　为图表添加投影效果

> **温馨提示**
> 图表是与其数据相关的编组对象，不可以取消图表编辑，如果取消就无法更改图表。

2．设置图表轴格式

除了饼图之外，所有的图表都有显示图表测量单位的数值轴，可以选择在图表的一侧显示数值轴或者两侧都显示数值轴。条形、堆积条形、柱形、堆积柱形、折线和面积图也有在图表中定义数据类别的类别轴。

在【图表类型】对话框中，选择下拉列表框中的【类别轴】选项，能够更改类型轴的显示样式，其中，【刻度线】选项组中的选项与【数值轴】中的作用基本相同，如图 11-38 所示。

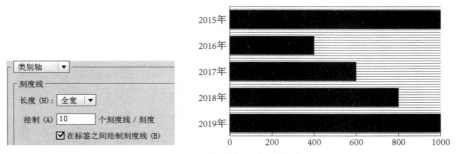

图 11-38　为图表添加刻度线

11.2.5　将符号添加至图表

创建的图表效果是以几何图形为主，为了使图表效果更加生动，用户还可以使用普通图形或者符号图案来代表几何图形。

📚 课堂范例——创建柱状图表并将符号添加至图表

步骤 01　双击【柱形图工具】按钮📊，弹出【图表类型】对话框，在【类型】栏中可以选择不同的图表类型，也可以设置图表的样式，如图 11-39 所示。

步骤 02　选择下拉列表框中的【数值轴】选项，对话框切换到相应的参数，设置图表显示的刻度值与标签，确定左侧数值，设置【后缀】为"个"，如图 11-40 所示。

图 11-39　【图表选项】选项

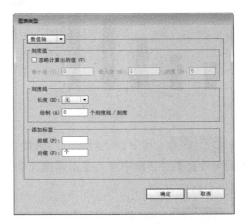

图 11-40　【数值轴】选项

步骤 03　继续选择下拉列表框中的【类别轴】选项，对话框切换到相应的参数设置中，勾选【在标签之间绘制刻度线】复选框，在每组项目间增加间隔线，单击【确定】按钮，如图 11-41 所示。

步骤 04　在画板中单击并拖动鼠标，即可创建柱形图表，同时弹出【图表数据】对话框，在对话框中输入数据，完成数据的输入后单击【应用】按钮✔，如图 11-42 所示。

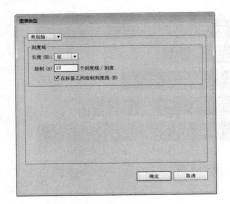

图 11-41　【类别轴】选项

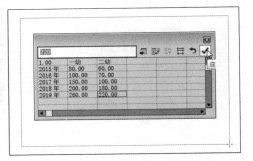

图 11-42　在对话框中输入数据

温馨提示

在【图表数据】对话框中，位于右上方的按钮依次是【导入数据】按钮▦，可以导入文本文件，将外部数据导入创建图表；【换位行 / 列】按钮▦，可以将行和列的数据对换；【切换 X/Y】按钮▦，可以切换行列方向；【单元格样式】按钮▦，可以设置单元格的样式；【恢复】按钮↺，可以恢复初始数值；【应用】按钮✔，将数据应用于图表。

步骤 05　数据将以柱形显示在图表中，如图 11-43 所示。在【符号】面板中，拖动"非洲菊"到画板中，如图 11-44 所示。

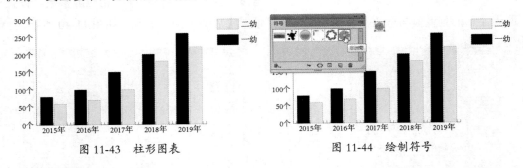

图 11-43　柱形图表　　　　　　　　　　图 11-44　绘制符号

步骤 06　选中创建的符号，执行【对象】→【图表】→【设计】命令，在弹出的【图表设计】对话框中单击【新建设计】按钮，即可将选中的符号或图形添加至列表中，如图 11-45 所示。

步骤 07　在【图表设计】对话框中，单击【重命名】按钮，设置新建设计图表的名称，单击【确定】按钮，如图 11-46 所示。

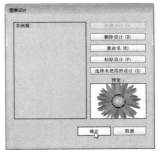

图 11-45 【新建设计】对话框

图 11-46 重命名设计

步骤 08 选中图表，执行【对象】→【图表】→【柱形图】命令，在【图表列】对话框中，选择【选取列设计】中的【非洲菊】选项，设置【列类型】为"局部缩放"，单击【确定】按钮，如图 11-47 所示。通过前面的操作，使用图形替换几何图表，效果如图 11-48 所示。

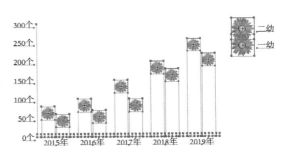

图 11-47 【图表列】对话框

图 11-48 图形替换几何图表后的效果

课堂问答

通过本章内容的讲解，读者对符号和图表的应用有了一定的了解，下面列出一些常见的问题供学习参考。

问题❶：可以重新排列符号的顺序吗？

答：使用鼠标左键将符号拖动到不同的位置，当有一条黑线出现在所需位置时，释放鼠标左键即可调整指定符号的排列顺序；从【符号】快捷菜单中选择【按名称排序】命令，系统将按字母顺序列出符号。

问题 ❷: 将符号添加至图表时，太过拥挤怎么办？

答: 创建符号图表时，可以在图案周围创建一个无填色、无描边的矩形，然后将矩形和图案一起创建为设计图案。矩形与图案间的空隙越大，在使用图案时，图案间的间距也就越大，对比效果如图 11-49 所示。

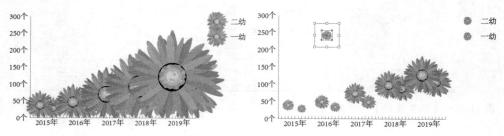

图 11-49　间距对比效果

📷 上机实战——制作饼形分布图效果

为了让读者能巩固本章知识点，下面讲解一个技能综合案例，使读者对本章的知识有更深入的了解。

效果展示

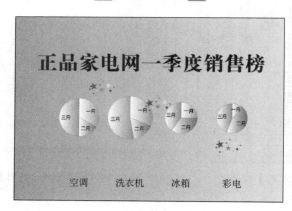

思路分析

制作饼图销售图表，可以直观地观察到产品的销售情况，并能将数据相互对比，下面介绍如何制作饼形分布图效果。

本例首先使用【饼图工具】制作饼形图表，然后调整图表的颜色，使用【矩形工具】绘制底图并填充渐变色，最后输入标题文字，完成整体制作。

制作步骤

步骤 01 新建空白文档，单击工具箱中的【饼图工具】，在画板中单击并拖动鼠标，弹出【图表数据】对话框，在对话框中输入数值，单击【应用】按钮✔，确认数值输入，如图 11-50 所示。

步骤 02　通过前面的操作，生成饼形图表对象，如图 11-51 所示。

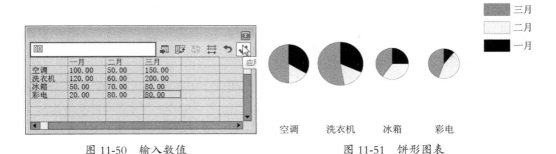

图 11-50　输入数值　　　　　　　　　图 11-51　饼形图表

步骤 03　执行【对象】→【图表】→【图表类型】命令，在弹出的【图表类型】对话框中的【选项】栏中，设置【图例】为"楔形图例"，如图 11-52 所示。效果如图 11-53 所示。

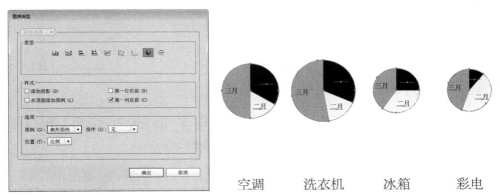

图 11-52　【图表类型】对话框　　　　　图 11-53　图表效果

步骤 04　按【Ctrl+Shift+G】组合键解组图表，弹出询问对话框，单击【是】按钮，如图 11-54 所示。右击饼图对象，在弹出的快捷菜单中选择【取消群组】命令，解组饼图，如图 11-55 所示。

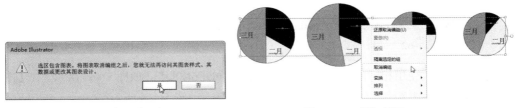

图 11-54　询问对话框　　　　　　　　图 11-55　解组饼图

步骤 05　执行【窗口】→【图层】命令，解组后的饼图对象图层分布如图 11-56 所示。单击项目右侧的按钮◎，如图 11-57 所示。通过前面的操作，选中黑色饼图对象，如图 11-58 所示。

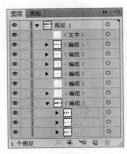 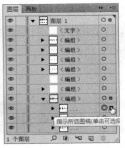 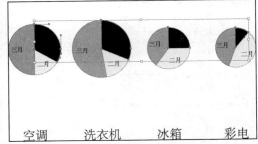

图 11-56　【图层】面板　图 11-57　单击项目右侧按钮　　图 11-58　选中黑色饼图

步骤 06　单击工具箱中的【渐变】图标，在【渐变】面板中，双击渐变色条右侧的色标，如图 11-59 所示。弹出颜色设置对话框中，单击右上角的扩展按钮，选择【RGB】选项，如图 11-60 所示。设置颜色为绿色"#86C126"，如图 11-61 所示。

图 11-59　【渐变】面板　　图 11-60　选择颜色模式　　图 11-61　设置色标颜色

步骤 07　通过前面的操作，得到渐变填充效果，如图 11-62 所示。在【图层】面板中，继续单击右侧的○按钮选中下一个项目，如图 11-63 所示。

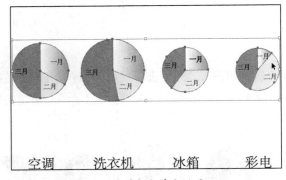 

图 11-62　得到渐变填充效果　　　　　　图 11-63　选中项目

步骤 08　使用相同的方法填充橙色渐变色"#DE6B0D"，如图 11-64 所示。在【图层】面板中，继续单击右侧的○按钮选中下一个项目，如图 11-65 所示。

步骤 09　使用相同的方法填充蓝色渐变色"# 50C1E2"，如图 11-66 所示。选择工具箱中的【矩形工具】，拖动鼠标绘制和面板大小一致的矩形，调整到最底层，如图 11-67 所示。

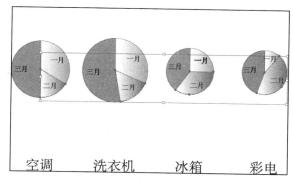

图 11-64　渐变填充效果

图 11-65　选中下一个项目

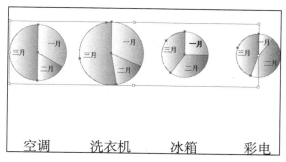

图 11-66　渐变填充效果

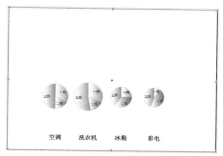

图 11-67　绘制矩形

步骤 10　在【渐变】面板中，设置【类型】为"线性"，渐变色设置为蓝色 "#3DBEED"、黄色 "#EFEB48"，如图 11-68 所示。渐变填充效果如图 11-69 所示。

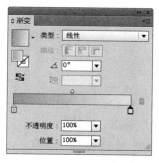

图 11-68　【渐变】面板

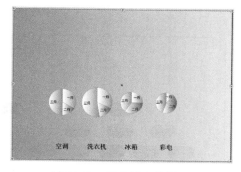

图 11-69　渐变填充效果

步骤 11　选择【文字工具】T，在选项栏中，设置字体为"汉仪粗宋简"、字体大小为 23mm、颜色为深蓝色 "#2300BF"，输入文本，如图 11-70 所示。调整饼图的大小和位置，如图 11-71 所示。

步骤 12　在【符号】面板中，单击左下角的【符号库菜单】按钮，在打开的快捷菜单中选择"庆祝"符号，在【庆祝】面板中，单击"五彩纸屑"符号，如图 11-72 所示。选择工具箱中的【符号喷枪工具】，拖动鼠标绘制符号实例，如图 11-73 所示。

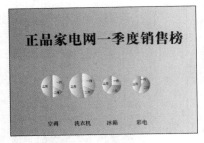

图 11-70　添加文字

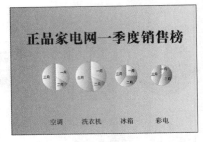

图 11-71　调整饼图的大小和位置

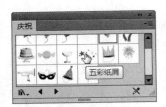

图 11-72　【庆祝】面板

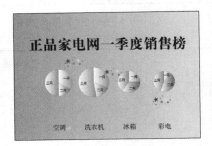

图 11-73　绘制符号实例

🌐 同步训练——制作公司组织结构图

为了增强读者动手能力，在上机实战案例的学习后，下面安排一个同步训练案例，让读者达到举一反三、触类旁通的学习效果。

图解训练

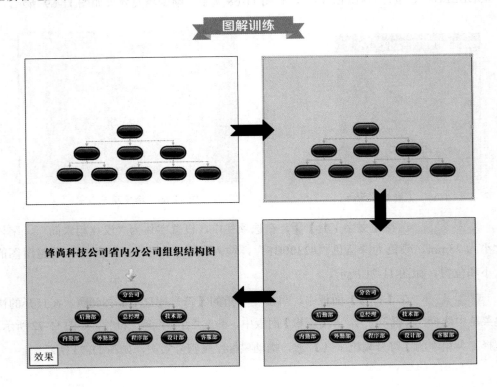

组织结构图主要是显示出公司的组织分布情况,通俗来说,公司的人事整体规划情况,在 Illustrator CC 中制作公司组织结构图的具体操作方法如下。

本例首先通过【照亮组织结构图】面板绘制组织结构图,然后使用【矩形工具】■绘制底图并填充颜色,最后输入标题文字,并添加符号完成制作。

关键步骤

步骤 01 按【Ctrl+N】组合键或执行【新建文档】命令,在弹出的【新建文档】对话框中设置【宽度】为"297mm"、【高度】为"210mm"、【取向】为横向,单击【确定】按钮,如图 11-74 所示。

步骤 02 在【符号】面板中,单击左下角的【符号库菜单】按钮 ,在打开的快捷菜单中选择【照亮组织结构图】符号,在【照亮组织结构图】面板中,选中【椭圆组织图表 2】符号,如图 11-75 所示。

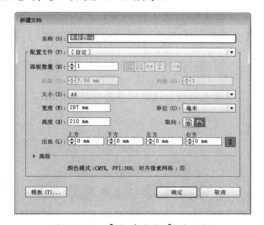

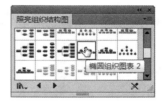

图 11-74 【新建文档】对话框　　　　图 11-75 【照亮组织结构图】面板

步骤 03 将组织图符号拖动到画板中,创建符号实例,如图 11-76 所示。

步骤 04 选择工具箱中的【矩形工具】■,拖动绘制和画板大小一样的矩形,填充浅蓝色"#B9E0E4",如图 11-77 所示。

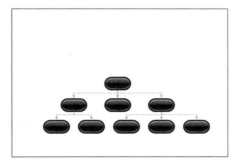

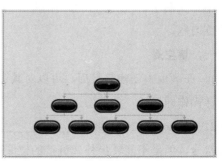

图 11-76 创建符号实例　　　　图 11-77 绘制底图

步骤 05 　　选择工具箱中的【文字工具】 T ，在画板中输入白色文字，在选项栏中设置字体为"汉仪粗宋简"、字体大小为"8mm"，如图 11-78 所示。继续使用【文字工具】 T 输入标题文字，在选项栏中设置字体大小为"15mm"，如图 11-79 所示。

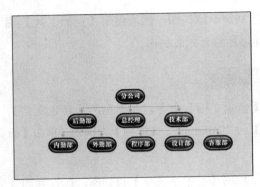

图 11-78　输入白色文字　　　　　　　　　　　图 11-79　输入标题文字

步骤 06 　　在【符号】面板中，单击左下角的【符号库菜单】按钮，在打开的快捷菜单中，选择"Web 按钮和条形"符号，在打开的【Web 按钮和条形】面板中，单击选中"图标 3- 向下"符号，如图 11-80 所示。制作公司组织结构图的最终效果如图 11-81 所示。

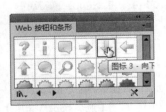

图 11-80　【Web 按钮和条形】面板

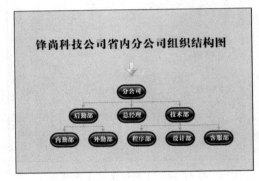

图 11-81　最终效果

知识能力测试

本章讲解了符号和图表应用的基本方法，为对知识进行巩固和考核，特布置以下相应的练习题。

一、填空题

1. 在画板中创建符号后，可以对其进行____、____、____或____等操作，像普通图形一样操作即可。

2. Illustrator CC 能够将____、_____、_____、_____、_____和对象组对象转换为符号，但是不能转换外部链接的位图或一些图表组。

3．使用【符号喷枪工具】📷创建的都是_____、_____相同的符号，可以通过不同的符号编辑工具来调整符号以达到所需的效果。

二、选择题

1．图表功能以可视直观的方式显示统计信息，用户可以创建（　　）种不同类型的图表并自定义这些图表以满意创建者的需要。

    A．6　　　　　　　　B．8　　　　　　　　C．7　　　　　　　　D．9

2．首先使用【选择工具】▶选中符号组，接着使用（　　）在符号组上单击或拖动可以改变符号的透明度。

    A．【符号滤色器工具】🔗　　　　　　　　B．【符号紧缩器工具】👾

    C．【符号着色器工具】🪣　　　　　　　　D．【符号样式器工具】◎

3．在画板中创建符号实例，均与（　　）面板中的符号相链接，如果修改符号的形状或颜色，画板中的符号实例同时也会发生变化。

    A．属性　　　　　　　B．变量　　　　　　　C．外观　　　　　　　D．符号

三、简答题

1．断开符号链接有什么作用？如何断开符号链接？

2．创建图表时，弹出的输入图表数据对话框右上角的一排按钮有什么作用？

第 12 章
Web 设计、打印和任务自动化

本章导读

学会符号和图表应用后，下一步需要学习 Web 设计、打印和任务自动化操作。

本章将详细介绍 Web 图形设计、文件打印和自动化处理等知识。打印是在纸张上呈现作品的方法，Illustrator CC 还提供了多种命令来自动化处理一些常见的重复性操作。

学习目标

- 熟练掌握输出为 Web 图形的方法
- 熟练掌握文件打印的方法
- 熟练掌握任务自动化的方法

12.1 输出为 Web 图形

Illustrator CC 是一款绘制矢量图形的软件，但是同样能够应用于网格图片，只要相关选项的设置符合网格图片要求即可。

12.1.1 Web 安全颜色

Web 安全颜色是指在不同硬件环境、不同操作系统、不同浏览器中都能够正常显示的颜色集合。执行【窗口】→【色板】命令，打开【色板】面板，单击【色板】面板底部的【色板库】按钮，在快捷菜单中选择【Web】选项，即可打开 Web 面板，如图 12-1 所示。

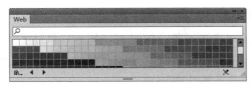

图 12-1　【Web】面板

12.1.2 创建切片

使用【切片工具】可以将完整的网页图像划分为若干小图像，在输出网页时，根据图像特性分别进行优化。

1. 使用【切片工具】创建切片

单击工具箱中的【切片工具】，在网页上单击并拖动鼠标左键，释放鼠标后，即可创建切片，其中淡红色标识为自动切片，如图 12-2 所示。

图 12-2　使用【切片工具】创建切片

2. 从参考线创建切片

用户可以根据创建的参考线创建切片，按【Ctrl+R】组合键显示出标尺，拉出参考线，设置切片的位置，如图 12-3 所示。执行【对象】→【切片】→【从参考线创建】命令，即可根据文档的参考线创建切片，如图 12-4 所示。

图 12-3　设置切片的位置　　　　　　图 12-4　从参考线创建切片

3. 从所选对象创建切片

选中网页中一个或多个图形对象，如图 12-5 所示。执行【对象】→【切片】→【从所选对象创建】命令，将会根据选中图形最外轮廓划分切片，如图 12-6 所示。

图 12-5　选中图形　　　　　　　　图 12-6　根据所选对象创建切片

4. 创建单个切片

选中网页中一个或多个图形，如图 12-7 所示；执行【对象】→【切片】→【建立】命令，根据选中的图像分别创建单个切片，如图 12-8 所示。

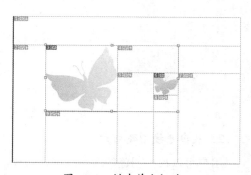

图 12-7　选中一个或多个图形　　　　图 12-8　创建单个切片

12.1.3 编辑切片

用户创建切片后，还可以对切片进行选择、调整、隐藏、删除、锁定等各种操作，不同类型的切片，其编辑方式有所不同。

1．选择切片

单击工具箱中切片工具组中的【切片选择工具】，在需要选择的切片上单击，即可选中该切片。

2．调整切片

如果用户使用【对象】→【切片】→【建立】命令创建切片，切片的位置和大小将捆绑到它所包含的图稿，因此如果移动图稿或调整图稿大小，切片边界也会随之进行调整。

如果使用其他方式创建切片，则可以按下述方式手动调整切片。

（1）移动切片。单击工具箱中的【切片选择工具】，将切片拖到新位置即可，按住【Shift】键进行拖动，可以将移动方向限制在水平、垂直或45°对角线方向上。

（2）调整切片大小。单击工具箱中的【切片选择工具】，在切片上单击选择切片，拖动切片的任意边；也可以使用【选择工具】和【变换】面板来调整切片的大小。

（3）对齐或分布切片。使用【对齐】面板，通过对齐切片可以消除不必要的自动切片以生成较小且更有效的 HTML 文件。

（4）更改切片的堆叠顺序。将切片拖到【图层】面板中的新位置，或者执行【对象】→【排列】命令进行调整。

（5）划分某个切片。选中切片，执行【对象】→【切片】→【划分切片】命令，打开【划分切片】对话框，在对话框中输入数值，可以根据数值划分切片为若干均等的切片。

（6）复制切片。选中切片后，执行【对象】→【切片】→【复制切片】命令，可以复制一份与原切片尺寸大小相同的切片。

（7）组合切片。选中两个或多个切片，执行【对象】→【切片】→【组合切片】命令，被组合切片的外边缘连接起来所得到的矩形即构成组合后切片的尺寸和位置。如果被组合切片不相邻，或者具有不同的比例或对齐方式，则新切片可能与其他切片重叠。

（8）将所有切片的大小调整到画板边界。执行【对象】→【切片】→【剪切到画板】命令，超出画板边界的切片会被截断以适合画板大小；画板内部自动切片会扩展到画板边界。

3．删除切片

用户可以通过对应图稿删除切片或释放切片来移动多余切片。

（1）释放某个切片。选择切片，执行【对象】→【切片】→【释放】命令，即可移去相关切片。

（2）删除切片。选择切片，按【Delete】键删除，如果切片是通过【对象】→【切片】→【建立】命令创建的，则会同时删除相应的图稿。

（3）删除所有切片。执行【对象】→【切片】→【全部删除】命令，即可删除图稿中所有切片；通过【对象】→【切片】→【建立】命令创建的切片只是释放，而不是将其删除。

4.隐藏和锁定切片

切片可以暂时隐藏，还可以根据需要锁定切片，锁定切片后，可以防止误操作。

（1）隐藏切片。执行【视图】→【隐藏切片】命令，即可将所有切片隐藏。

（2）显示切片。执行【视图】→【显示切片】命令，即可将隐藏的切片全部显示。

（3）锁定所有切片。执行【视图】→【锁定切片】命令，切片被锁定。

（4）锁定单个切片。在【图层】面板中单击切片的可编辑列，即可将其锁定。

5.设置切片选项

执行【对象】→【切片】→【切片选项】命令，可以打开【切片选项】对话框，在【切片选项】对话框中，用户可以设置切片类型，以及如何在生成的网页中进行显示、如何发挥作用。例如，设置切片的 URL 链接地址，设置切片的提示显示信息。

12.1.4 导出切片

完成页面制作并创建切片后，可以将切割后的网页分块保存起来。具体操作方法如下。

执行【文件】→【存储为 Web 或设备所用格式】命令，打开【存储为 Web 所用格式】对话框，在对话框中，可以设置各项优化选项，同时可以预览具有不同文件格式和不同文件属性的优化图像，如图 12-9 所示。

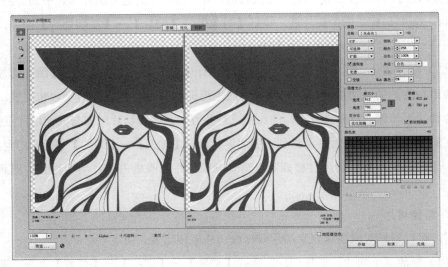

图 12-9　【存储为 Web 所用格式】对话框

技 能 拓 展

　　在 Illustrator CC 中，还可以创建动画，完成动画元素绘制后，将每个元素释放到单独的图层中，每一个图层为动画的一帧或一个动画文件，然后导出 SWF 格式文件即可。

12.2　文件打印和自动化处理

　　在输出图像之前，首先要进行正确的打印设置，完成打印设置后，文件才能正确地进行打印输出。使用文件自动化操作可以提高工作效率，减少重复工作。

12.2.1　文件打印

　　执行【文件】→【打印】命令，将弹出【打印】对话框，在 Illustrator CC 中，系统把页面设置和打印功能集成到【打印】对话框中，完成打印设置后，单击【打印】按钮即可以用户设置的参数进行文件打印，单击【完成】按钮将保存用户设置的打印参数而不进行文件打印，如图 12-10 所示。

　　在【打印】对话框中包括多个选项，单击对话框左侧的选项名称，可以显示该选项的所有参数设置，其中的很多参数设置是启动文档时选择的启动配置文件预设的。

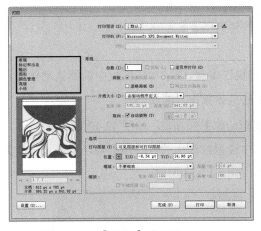

常规	设置页面大小和方向、指定要打印的页数、缩放图稿，指定拼贴选项以及选择要打印的图层
标记和出血	选择印刷标记与创建出血
输出	创建分色输出
图形	设置路径、字体、PostScript 文件、渐变、网格和混合的打印选项
颜色管理	选择一套打印颜色配置文件和渲染方法
高级	控制打印期间的矢量图稿拼合（或可能栅格化）
小结	查看和存储打印设置小结

图 12-10　【打印】对话框

12.2.2　自动化处理

　　图像编辑和调整过程中，常会用到重复的操作步骤，使用【动作】面板可以使用批处理命令同时处理多个文件。

1．认识【动作】面板

动作的所有操作都可以在【动作】面板中完成，使用【动作】面板可以新建、播放、编辑和删除动作，还可以载入系统预设的动作。

执行【窗口】→【动作】命令，即可打开【动作】面板，如图 12-11 所示；单击【面板】右上角的 ▼≡ 按钮可以打开面板快捷菜单。

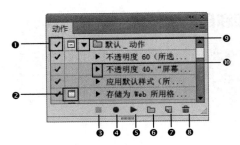

图 12-11　【动作】面板

❶ 切换项目开 / 关	单击✔标识，可以控制运行动作时是否忽略此命令
❷ 切换对话开 / 关	单击□标识，可以控制运行动作时是否弹出该命令的对话框
❸ 停止记录	在录制动作时，单击■按钮，可以停止记录
❹ 开始记录	单击●按钮，开始记录动作步骤
❺ 播放动作	单击▶按钮，开始播放已录制的动作
❻ 创建新组	单击▢按钮，在【动作】面板中新建一个动作组
❼ 创建新动作	单击▣按钮，创建一个新动作
❽ 删除动作	单击🗑按钮，可以删除不再需要的动作和动作组
❾ 关闭动作组	单击▼按钮，可以关闭该组中的所有动作
❿ 打开动作组	单击▶按钮，可以打开该组中的所有动作

2．创建动作

【动作】面板中包含完成特定效果的一系列操作步骤,除了动作面板中的默认动作外,用户还可以自己创建需要的动作，创建新动作的具体操作方法如下。

步骤 01　单击【动作】面板下的【创建新动作】按钮▣，如图 12-12 所示。

步骤 02　在弹出的【新建动作】对话框中设置好动作的各选项参数，单击【记录】按钮，Illustrator CC 开始记录用户的相关操作，如图 12-13 所示。

图 12-12　【创建新动作】按钮

图 12-13　【新建动作】对话框

步骤 03 通过前面的操作，Illustrator CC 处于动作记录状态，用户可以根据需要进行相关的编辑操作。在图像中所做的鼠标操作步骤会被记录下来，并且每步动作的名称都会显示在【动作】面板上。单击底部的【停止播放 / 记录】按钮 即可完成动作的创建，如图 12-14 所示。

图 12-14 停止记录动作

> 温馨提示
> 【动作】面板底部的【开始记录】按钮 处于按下状态，呈红色时，表示现在开始所做的所有菜单操作都会被记录下来。

在记录操作步骤的过程中，一些步骤前面有小方框的图标，表示该动作有对话框或者其他的相关设置，当播放动作时，运行到此步骤时，会要求用户输入参数和进行选择等其他操作。

3．批处理文件

批处理命令用来对文件夹和子文件夹播放动作，使用【批处理】命令进行文件处理的具体操作方法如下。

步骤 01 执行【窗口】→【动作】命令，打开【动作】面板，单击【动作】面板右上角的 按钮，在弹出的快捷菜单中选择【批处理】命令，如图 12-15 所示。

步骤 02 弹出【批处理】对话框，在对话框中分别设置播放、源和目标等各项参数，根据需要设置其名称和位置，设置完成后单击【确定】按钮，Illustrator CC 将会根据用户设置的参数自动处理文件，如图 12-16 所示。

图 12-15 选择【批处理】命令

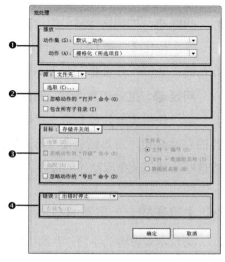

图 12-16 【批处理】对话框

在【批处理】对话框中，其常用参数设置如下。

❶【播放】栏	在【播放】栏中，用户可以分别设定选择批处理的组和动作
❷【源】栏	在【源】下拉列表中，用户可以选择批处理的文件来源。其中，选择【文件夹】选项，表示文件来源为指定文件夹中的全部图像，通过单击【选取】按钮，就可以指定来源文件所在的文件夹 勾选【忽略动作中的"打开"命令】复选框，当选择的动作中如果包含有"打开"命令，就自动跳过。勾选【包含所有子目录】复选框，选择批处理命令时，若指定文件夹中包含有子文件夹，则子文件夹中的文件将一起处理
❸【目标】栏	在【目标】下拉列表中，用户可以选择图像处理后保存的方式。选择【无】选项，表示不保存；选择【存储并关闭】选项，表示存储并关闭文件。选择【文件夹】选项，可以指定一个文件夹来保存处理后的图像。勾选【忽略动作中的"存储"命令】复选框，当选择的动作中如果包含有"存储"命令，就自动跳过
❹【错误】栏	在【错误】下拉列表中，用户可以选择当批处理出现错误时，怎样处理。选择【出错时停止】选项，可以在遇到错误时，停止批处理命令的选择；选择【将错误记录到文件】选项，则在出现错误时，将出错的文件保存到指定的文件夹

课堂问答

通过本章内容的讲解，读者对 Web 设计、打印和任务自动化有了一定的了解，下面列出一些常见的问题供学习参考。

问题❶：为什么录制动作时，有些操作没有显示在【动作】面板中？

答：并不是动作中的所有任务都能直接记录，对于【效果】和【视图】菜单中的命令，用于显示或隐藏面板的命令，以及使用选择、钢笔、画笔、铅笔、渐变、网格、吸管、剪刀和上色等工具的使用情况，无法被记录。

问题❷：如何选择多个切片？

答：按住【Shift】键，连续单击相应的切片即可选中多个切片，需要注意的是，淡红色的自动切片无法进行选择。

问题❸：批处理文件时，如何更改文件格式？

答：使用【批处理】命令存储文件时，文件默认以原格式进行存储。如果要更改文件的存储格式，需要记录【存储为】或者【存储副本】命令，然后记录【关闭】命令，将这些步骤记录在原动作的最后。在设置批处理时，将【目标】选择为"无"即可。

上机实战——将普通图形转换为时尚插画效果

通过本章内容的学习，为了让读者能巩固本章知识点，下面讲解一个技能综合案例，使读者对本章的知识有更深入的了解。

效果展示

思路分析

使用 Illustrator CC 制作时尚插画是非常方便的，下面将介绍如何将普通图形转换为精美时尚插画。

本例首先通过【动作】面板将图形转换为直线效果，然后使用【径向模糊】命令创建图形的模糊效果，最后使用【彩色半调】命令创建图形的艺术效果，完成整体制作。

制作步骤

步骤01　打开"素材文件\第 12 章\时尚人士 .ai"，使用【选择工具】选中图形，如图 12-17 所示。在【动作】面板中，单击"默认 _ 动作"左侧的三角形按钮，展开默认动作组，如图 12-18 所示。

 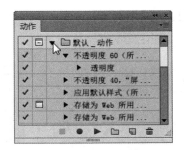

图 12-17　素材图形　　　　　　　　图 12-18　展开默认动作组

步骤02　选中【简化为直线（所选项目）】动作，单击下方的【播放当前所选动作】按钮，如图 12-19 所示。动作播放效果如图 12-20 所示。

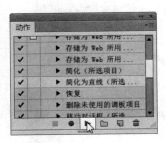

图 12-19　播放动作

图 12-20　动作播放效果

步骤 03　使用【选择工具】选中上方的红色图形，如图 12-21 所示。执行【效果】→
【模糊】→【径向模糊】命令，在弹出的【径向模糊】对话框中，设置【数量】为"40"、
【模糊方法】为"旋转"，单击【确定】按钮，如图 12-22 所示。

图 12-21　选中上方的红色图形

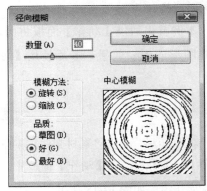

图 12-22　【径向模糊】对话框

步骤 04　通过前面的操作，得到径向模糊效果，如图 12-23 所示。执行【滤镜】→【画
笔描边】→【烟灰墨】命令，在弹出的【烟灰墨】对话框中使用默认参数，单击【确定】
按钮，如图 12-24 所示。

图 12-23　径向模糊效果

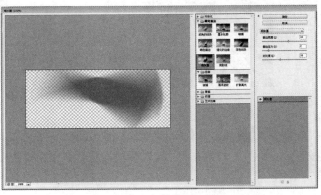

图 12-24　【烟灰墨】对话框

步骤 05　执行【滤镜】→【像素化】→【彩色半调】命令，在弹出的【彩色半调】对话框中设置【最大半径】为"20"像素，如图 12-25 所示。通过前面的操作，得到彩色半调滤镜效果，如图 12-26 所示。

图 12-25　【彩色半调】对话框　　　　图 12-26　彩色半调滤镜效果

同步训练——批处理文件

为了增强读者动手能力，在上机实战案例的学习后，下面安排一个同步训练案例，让读者达到举一反三、触类旁通的学习效果。

图解训练

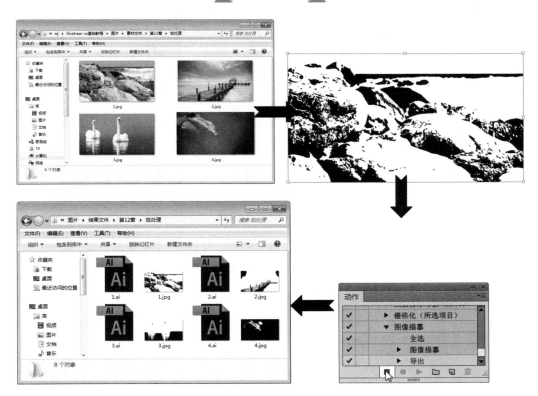

思路分析

批处理操作可以快速为大量图像应用相同操作，在 Illustrator CC 中应用批处理的具体操作方法如下。

本例首先录制"图像描摹"动作，然后使用【批处理】命令处理多个图像，完成制作。

关键步骤

步骤 01 打开任意文件，如图 12-27 所示。在【动作】面板中，单击右下角的【创建新动作】按钮，如图 12-28 所示。

图 12-27 打开文件　　　　　　　　　图 12-28 【动作】面板

步骤 02 在弹出的【新建动作】对话框中，设置【名称】为"图像描摹"，单击【记录】按钮，如图 12-29 所示。执行【选择】→【全部】命令，选中图像，如图 12-30 所示。

图 12-29 【新建动作】对话框　　　　　图 12-30 选中图像

步骤 03 执行【对象】→【图像描摹】→【建立】命令，图像效果如图 12-31 所示。执行【文件】→【导出】命令，设置保存的目标文件夹，设置【保存类型】为 JPEG，单击【确定】按钮，如图 12-32 所示。

步骤 04 在弹出的【JPEG 选项】对话框中，单击【确定】按钮，如图 12-33 所示。在【动作】面板中，单击【停止播放 / 记录】按钮，如图 12-34 所示。

步骤 05 单击【动作】面板右上角的扩展按钮，在打开的快捷菜单中选择【批处理】命令，在【批处理】对话框中设置【动作】为"图像描摹"，设置【源】为"文件夹"，单击【选取】按钮，如图 12-35 所示。

图 12-31　图像描摹效果

图 12-32　【导出】对话框

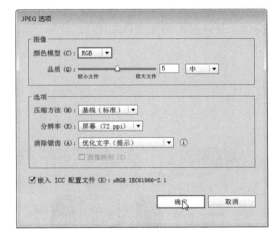

图 12-33　【JPEG 选项】对话框

图 12-34　停止记录动作

步骤 06　在打开的【选择批处理源文件夹】对话框中，选择要处理的文件所在的文件夹，单击【选择文件夹】按扭，如图 12-36 所示。

图 12-35　选择动作和源文件夹

图 12-36　【选择批处理源文件夹】对话框

步骤 07　设置【目标】为"文件夹"，单击【选取】按钮，如图 12-37 所示。在打开的【选择批处理目标文件夹】对话框中，指定处理后的文件的保存位置，单击【选择文件夹】按扭，如图 12-38 所示。

图 12-37　选择目标文件夹　　　图 12-38　【选择批处理目标文件夹】对话框

步骤 08　返回【批处理】对话框，单击【确定】按钮，如图 12-39 所示。通过前面的操作，Illustrator CC 开始自动处理图像，处理后的图像文件如图 12-40 所示。

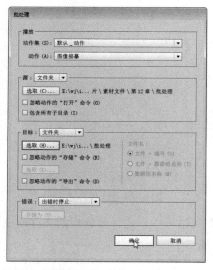

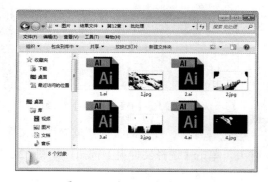

图 12-39　【批处理】对话框　　　　　图 12-40　批处理文件

📝 知识能力测试

本章讲解了 Web 设计、打印和任务自动化应用的基本方法，为对知识进行巩固和考核，布置了以下相应的练习题。

一、填空题

1．Web 安全颜色是指在不同_____、不同_____、不同_____中都能够正常显示的颜色集合。

2．用户创建切片后，还可以对切片进行_____、_____、_____、_____、_____等各种操作，不同类型的切片，其编辑方式有所不同。

3．动作的所有操作都可以在【动作】面板中完成，使用【动作】面板可以_____、_____、_____和_____动作，还可以载入系统预设的动作。

二、选择题

1．在 Illustrator CC 中，还可以创建动画，完成动画元素绘制后，将每个元素释放到单独的图层中，每一个图层为动画的一帧或一个动画文件，然后导出（　　）格式文件即可。

    A．SWF　　　　　　　B．WMF　　　　　　C．CSS　　　　　　D．AI

2．使用（　　）可以将完整的网页图像划分为若干小图像，在输出网页时，根据图像特性分别进行优化。

    A．【选择工具】　　　　　　　　　B．【划分工具】

    C．【切片选择工具】　　　　　　　D．【切片工具】

3．【动作】面板中包含完成特定效果的一系列（　　），除了【动作】面板中的默认动作外，用户还可以自己创建需要的动作。

    A．操作步骤　　　　　B．图层　　　　　　C．效果　　　　　　D．符号

三、简答题

1．什么是 Web 安全颜色？如何选择 Web 安全颜色？

2．如何组合切片？

CC
ILLUSTRATOR

第 13 章
商业案例实训

本章导读

    Illustrator CC 广泛应用于商业设计制作中，包括数码后期设计、商品包装设计、图像特效和界面设计等。本章主要通过几个实例的讲解，帮助用户加深对软件知识与操作技巧的理解，并熟练应用于商业案例中。

学习目标

- 熟练掌握文字效果设计的方法
- 熟练掌握卡通形象设计的制作方法
- 熟练掌握海报设计的制作方法
- 熟练掌握包装设计的制作方法
- 熟练掌握界面设计的制作方法

13.1 童年快乐文字效果

思路分析

童年是五颜六色的，制作与童年有关的字体效果时，首先要考虑文字的色彩搭配，文字本身要有跳跃性。

本例首先使用【椭圆工具】⬭制作文字效果的装饰背景；然后添加文字，并设置文字填充和描边，最后添加文字投影加强文字立体感，得到最终效果。

制作步骤

步骤 01 按【Ctrl+N】组合键或执行【新建文档】命令，在弹出的【新建文档】对话框中，设置【宽度】和【高度】均为"576pt"，单击【确定】按钮，如图 13-1 所示。

步骤 02 选择工具箱中的【椭圆工具】⬭，拖动鼠标绘制正圆形，填充绿色"#8FC31F"，如图 13-2 所示。

图 13-1 【新建文档】对话框

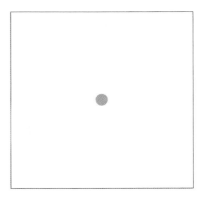

图 13-2 绘制正圆形并填充绿色

步骤 03　继续使用【椭圆工具】⬭，拖动鼠标绘制正圆形，填充橙色"# FABE00"，如图 13-3 所示。继续绘制一个较小的同心圆，并水平垂直居中对齐，如图 13-4 所示。

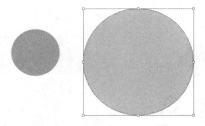

图 13-3　绘制正圆形并填充橙色

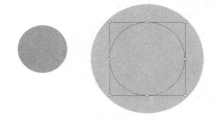

图 13-4　绘制同心圆

步骤 04　使用【选择工具】▶选中两个橙色图形，执行【对象】→【复合路径】→【建立】命令，创建复合路径，效果如图 13-5 所示。

步骤 05　复制多个图形，调整大小和位置，如图 13-6 所示。

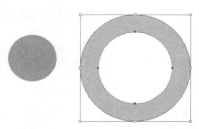

图 13-5　创建复合路径效果

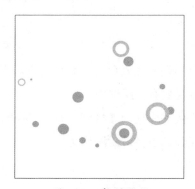

图 13-6　复制图形

步骤 06　继续复制圆形和圆环形，调整颜色为蓝色"#004FA3"、红色"#E40073"，同时调整大小和位置，如图 13-7 所示。

步骤 07　继续使用【椭圆工具】⬭，拖动鼠标绘制正圆形，设置填充分别为红色"#E40073"、蓝色"#004FA3"、绿色"#8FC31F"、橙色"# FABE00"，在选项栏中，设置描边颜色为白色、【描边粗细】为"3.5mm"，如图 13-8 所示。

图 13-7　继续复制图形

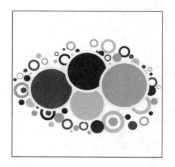

图 13-8　继续绘制正圆形

步骤 08　选择工具箱中的【文字工具】T，在画板中输入文字"童年快乐"，在选项栏中，设置字体为"华文琥珀"，调整位置和大小，字体大小分别为"40mm""35mm""45mm""30mm"，如图 13-9 所示。

步骤 09　使用【选择工具】选择"童"字，按【Ctrl+C】组合键复制文字，执行【编辑】→【贴在后面】命令，复制粘贴文字，如图 13-10 所示。

图 13-9　输入文字　　　　　　　　　　　图 13-10　复制粘贴文字

步骤 10　单击工具箱的【描边】图标，在弹出的【拾色器】对话框中，设置描边颜色为白色，在选项栏中，设置【描边粗细】为"2mm"，如图 13-11 所示。

步骤 11　使用相同的方法为其他几个文字进行描边，效果如图 13-12 所示。

图 13-11　描边"童"字　　　　　　　　　图 13-12　描边其他文字

步骤 12　双击工具箱中的【吸管工具】，在弹出的【吸管选项】对话框中，取消勾选【焦点描边】复选框，单击【确定】按钮，如图 13-13 所示。

步骤 13　使用【选择工具】选择"童"字，选择【吸管工具】，在红色的圆圈处单击，复制填充效果，如图 13-14 所示。

步骤 14　使用相同的方法为其他几个文字进行填充，效果如图 13-15 所示。在【图层】面板中，单击下方的"童"字项目右侧的图标，选中该对象，如图 13-16 所示。

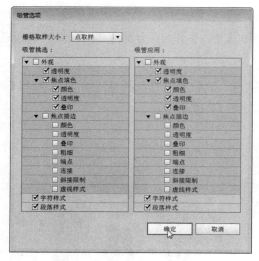

图 13-13　【吸管选项】对话框

图 13-14　复制填充效果

图 13-15　复制其他填充

图 13-16　选中下方的"童"字

步骤 15　执行【效果】→【风格化】→【投影】命令，设置【X 位移】和【Y 位移】均为"7pt"、【模糊】为"5pt"，单击【确定】按钮，如图 13-17 所示。使用相同的方法添加其他文字投影，最终效果如图 13-18 所示。

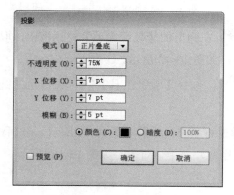

图 13-17　【投影】对话框

图 13-18　最终效果

13.2　可爱女童卡通形象设计

效果展示

效果

思路分析

　　卡通形象近年来非常受欢迎。可爱精典的卡通形象能够深入人心，下面介绍如何绘制可爱女童卡通形象。

　　本例首先绘制女童的头部效果；然后绘制身体部位，绘制围巾，增加画面亮点，最后添加背景场景，得到最终效果。

制作步骤

　　步骤 01　新建文档，使用【钢笔工具】✒️绘制头部路径，填充肉色"#FBDFCE"，描边颜色为赭黄色"#6D4B2C"，【描边粗细】为"1mm"，如图 13-19 所示。

　　步骤 02　继续使用【钢笔工具】✒️绘制前额头发，填充赭黄色"#B6723F"，如图 13-20 所示。

　　步骤 03　使用【椭圆工具】⬭绘制椭圆，填充赭黄色"B6723F"，描边颜色为赭黄色"#6D4B2C"，【描边粗细】为"1mm"，如图 13-21 所示。

图 13-19　绘制头部路径

图 13-20　绘制前额头发

图 13-21　绘制椭圆

步骤 04　把椭圆图形移动到最下方，如图 13-22 所示。选择工具箱中的【弧线工具】，绘制并选中多个弧形，如图 13-23 所示。设置描边颜色为深红色"# 6F4C2D"，在选项栏中，设置【描边粗细】为"1mm"，如图 13-24 所示。

图 13-22　调整顺序

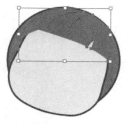
图 13-23　绘制弧线

图 13-24　设置线条颜色

步骤 05　使用【椭圆工具】绘制椭圆，填充诸黄色"#B6723F"，描边颜色为深红色"#6D4B2C"，【描边粗细】为"1mm"，如图 13-25 所示。

步骤 06　选择工具箱中的【螺旋线工具】，在画板中单击，在弹出的【螺旋线】对话框中，设置【衰减】为"80%"、【段数】为"8"，单击【样式】右侧图标，如图 13-26 所示。

步骤 07　在画板中拖动鼠标绘制螺旋图形，设置描边颜色为深红色"#6D4B2C"，【描边粗细】为"1mm"，如图 13-27 所示。

图 13-25　绘制椭圆

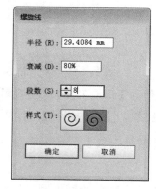
图 13-26　【螺旋线】对话框

图 13-27　绘制螺旋线

步骤 08　使用【钢笔工具】绘制眉毛，如图 13-28 所示。在【描边】面板中，设置【粗细】为"1mm"，【端点】为圆头端点，如图 13-29 所示。

步骤 09　按住【Alt】键，拖动复制眉毛对象，如图 13-30 所示。

步骤 10　使用【钢笔工具】绘制心形，填充红色"#EC7071"，如图 13-31 所示。按住【Alt】键，拖动复制心形对象，如图 13-32 所示。

步骤 11　使用【钢笔工具】绘制嘴部路径，设置描边颜色为深红色"#6D4B2C"，在选项栏中，设置【描边粗细】为"1mm"，选择所有嘴部路径，执行【对象】→【实时上色】→【建立】命令，创建实时上色对象，如图 13-33 所示。

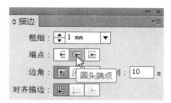

图 13-28 绘制眉毛 　　图 13-29 【描边】对话框 　　图 13-30 拖动复制眉毛

图 13-31 绘制心形 　　图 13-32 复制心形 　　图 13-33 绘制嘴部路径

步骤 12 单击工具箱中的【实时上色工具】，设置【填色】为粉红色 "#F3A9A3"，在舌头处单击填充颜色，如图 13-34 所示。设置【填色】为赭红色 "#B6723F"，在嘴部单击填充颜色，如图 13-35 所示。

步骤 13 设置【填色】为白色，在牙齿位置单击填充颜色，如图 13-36 所示。

图 13-34 填充舌头颜色 　　图 13-35 填充嘴部颜色 　　图 13-36 填充牙齿颜色

步骤 14 使用【钢笔工具】绘制腮红路径，填充浅红色 "#F5B4A2"，如图 13-37 所示。使用【钢笔工具】绘制身体路径，填充白色，描边颜色为 "#6F4C2D"，【描边粗细】为 "1mm"，如图 13-38 所示。

步骤 15 使用【钢笔工具】绘制手臂和手掌，分别填充绿色 "#7C9F8F" 和肉色 "#FBDFCE"，如图 13-39 所示。

图 13-37　绘制腮红

图 13-38　绘制身体

图 13-39　绘制手部

步骤 16　使用【钢笔工具】绘制人物的腿部和脚部，分别填充蓝色"# 6C769B"和土色"# 6F4C2D"，如图 13-40 所示。

步骤 17　选择【矩形工具】绘制矩形，填充红色"# E06D6D"，如图 13-41 所示。执行【效果】→【扭曲和变换】→【波浪效果】命令，在弹出的【波纹效果】对话框中设置【大小】为"3.53mm"、【每段的隆起数】为"4"、【点】为"平滑"，单击【确定】按钮，如图 13-42 所示。

图 13-40　绘制腿部和脚部　图 13-41　绘制矩形

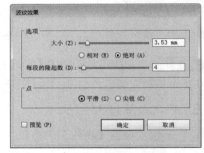
图 13-42　【波纹效果】对话框

步骤 18　通过前面的操作，得到波纹效果，如图 13-43 所示。调整图层顺序，移到适当位置，如图 13-44 所示。

步骤 19　打开"素材文件 \ 第 13 章 \ 风景 .ai"，将风景图形复制到当前文件中，适当缩小人物图形，最终效果如图 13-45 所示。

图 13-43　波纹效果

图 13-44　调整图层顺序

图 13-45　最终效果

13.3 小丑宣传海报

效果展示

思路分析

海报广告要根据宣传的内容确定设计意图，画面感要强，主题明确，还要考虑到版面的构图细节，下面介绍如何制作小丑宣传海报。

本例首先制作海报背景图像，然后添加素材图像和文字，最后制作装饰元素丰富画面，得到最终效果。

制作步骤

步骤 01 按【Ctrl+N】组合键或执行【新建文档】命令，在弹出的【新建文档】对话框中设置【宽度】为"800px"、【高度】为"800px"，单击【确定】按钮，如图 13-46 所示。

步骤 02 选择工具箱中的【矩形工具】，绘制和画板相同尺寸的矩形，单击工具箱中的【渐变】图标，在打开的【渐变】对话框中，设置【类型】为"径向"，渐变色从白色到紫色"#C400FF"，如图 13-47 所示。

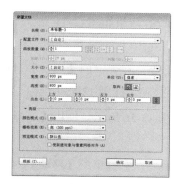

图 13-46 【新建文档】对话框

图 13-47 【渐变】对话框

步骤 03 通过前面的操作，得到渐变填充效果，如图 13-48 所示。选择工具箱中的【矩形工具】 ![]，在画板中单击，在打开的【矩形】对话框中设置【宽度】和【高度】均为"50px"，单击【确定】按钮，如图 13-49 所示。

图 13-48　渐变填充效果　　　　　　　　图 13-49　【矩形】对话框

步骤 04 通过前面的操作绘制矩形，填充黄色，并和渐变对象左顶部同时对齐，如图 13-50 所示。

步骤 05 执行【对象】→【变换】→【移动】命令，在弹出的【移动】对话框中设置【水平】为"100px"，单击【复制】按钮，如图 13-51 所示。复制矩形效果如图 13-52 所示。

图 13-50　绘制矩形　　　图 13-51　【移动】对话框　　　图 13-52　复制矩形效果

步骤 06 按【Ctrl+D】组合键 6 次，再次复制图形 6 次，效果如图 13-53 所示。使用【选择工具】 ![]同时选中第一行对象，如图 13-54 所示。

步骤 07 执行【对象】→【变换】→【移动】命令，在弹出的【移动】对话框中设置【水平】和【垂直】均为"50px"，单击【复制】按钮，如图 13-55 所示。

步骤 08 通过前面的操作，复制对象，效果如图 13-56 所示。使用【选择工具】 ![]同时选中两行对象，如图 13-57 所示。

步骤 09 执行【对象】→【变换】→【移动】命令，在弹出的【移动】对话框中设置【垂直】为"100px"，单击【复制】按钮，如图 13-58 所示。

图 13-53 再次复制对象　　图 13-54 选择第一行对象　　图 13-55 【移动】对话框

图 13-56 复制效果　　图 13-57 同时选中两行对象　　图 13-58 【移动】对话框

步骤 10 通过前面的操作，得到复制图形，如图 13-59 所示。按【Ctrl+D】组合键 6 次，再次复制图形 6 次，效果如图 13-60 所示。

步骤 11 使用【选择工具】，拖动选择所有图形，按住【Shift】键，单击下方的渐变图形，减选图形，按【Ctrl+G】组合键，群组所有黄色图形。

步骤 12 在【透明度】面板中，设置混合模式为【饱和度】，如图 13-61 所示。

图 13-59 复制图形效果　　图 13-60 再次复制图形　　图 13-61 【透明度】面板

步骤 13 通过前面的操作，得到混合效果，如图 13-62 所示。打开"素材文件\第13 章\小丑 .ai"，拖动到当前文件中，移动到适当位置，如图 13-63 所示。

步骤 14 　选择工具箱中的【文字工具】T，在图像中输入文字"小丑马戏团欢迎您光临"，在选项栏中设置字体为"文鼎特粗宋简体"，字体大小分别为"16mm"和"10mm"，更改"您"文字颜色为红色"#E60012"，如图 13-64 所示。

图 13-62　对象混合效果　　　图 13-63　添加小丑素材　　　图 13-64　添加文字

步骤 15 　继续使用【文字工具】T，在图像中输入标点符号"！"，在选项栏中设置字体大小为"100mm"，字体为"汉仪凌波体"，如图 13-65 所示。

步骤 16 　使用【矩形工具】▤绘制矩形对象，填充深紫色"#860DCC"，如图 13-66 所示。执行【效果】→【扭曲和变换】→【粗糙化】命令，在弹出的【粗糙化】对话框中，设置【大小】为"5%"，【细节】为"10"英寸，【点】为"平滑"，单击【确定】按钮，如图 13-67 所示。

图 13-65　添加标点符号　　　图 13-66　绘制矩形　　　图 13-67　【粗糙化】对话框

步骤 17 　通过前面的操作，得到变形效果，如图 13-68 所示。按住【Alt】键，拖动复制到上方适当位置，如图 13-69 所示。

步骤 18 　在【图层】面板中，单击定位图标◎，选择最底层的渐变对象，如图 13-70 所示。

步骤 19 　拖动到【创建新图层】按钮▯，复制矩形，如图 13-71 所示。拖动复制的矩形到最上方，如图 13-72 所示。按住【Shift】键，依次单击定位图标◎，选中最上方的 3 个对象，如图 13-73 所示。

图 13-68　变形效果

图 13-69　复制图形

图 13-70　选择矩形

图 13-71　复制矩形

图 13-72　调整顺序

图 13-73　选择上方的 3 个对象

步骤 20　在画板中右击，在弹出的快捷菜单中选择【建立剪切蒙版】命令，如图 13-74 所示。剪切蒙版效果如图 13-75 所示。使用【文字工具】，在图像中输入文字，在选项栏中设置字体为"华康海报体"，字体大小为"8mm"，文字颜色为白色，如图 13-76 所示。

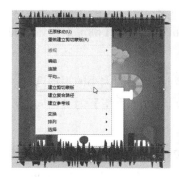

图 13-74　建立剪切蒙版

图 13-75　剪切蒙版效果

图 13-76　添加文字

13.4 植物面膜包装设计

效果

思路分析

植物面膜要根据产品的特点，突出天然、植物等特性。下面介绍如何制作植物面膜包装设计。

本例首先制作包装展示背景，然后制作产品的立体轮廓，最后添加文字装饰等内容，得到最终效果。

制作步骤

步骤 01 按【Ctrl+N】组合键或执行【新建文档】命令，在弹出的【新建文档】对话框中设置【宽度】为"315mm"、【高度】为"204mm"，单击【确定】按钮，如图 13-77 所示。

步骤 02 选择【矩形选框工具】，拖动鼠标创建与画板相同大小的矩形选区，单击工具箱的【渐变】图标，在弹出的【渐变】对话框中，设置【类型】为"径向"，渐变颜色从白色到绿色"#7EC6A1"，如图 13-78 所示。

步骤 03 通过前面的操作，得到底图效果，如图 13-79 所示。选择工具箱中的【矩形工具】，在画板中单击，在弹出的【矩形】对话框中，设置【宽度】为"120mm"、【高度】为"160mm"，单击【确定】按钮，如图 13-80 所示。

步骤 04 继续绘制矩形（宽度为"120mm"，高度为"0.48mm"），设置矩形的渐变填充色，如图 13-81 所示。拖动鼠标填充渐变色，移动到上方适当位置，如图 13-82 所示。

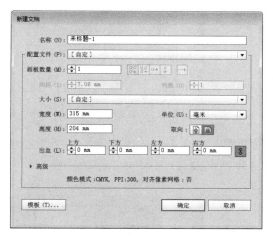

图 13-77 【新建文档】对话框

图 13-78 【渐变】对话框

图 13-79 渐变底图效果

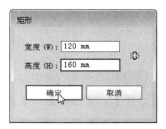

图 13-80 【矩形】对话框

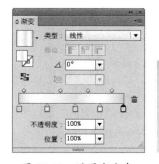

图 13-81 设置渐变色

图 13-82 填充渐变色效果

步骤 05 按住【Alt】键拖动复制对象，如图 13-83 所示。同时选中上方的图形，按【Ctrl+G】组合键群组对象，拖动复制到下方适当位置，如图 13-84 所示。

步骤 06 执行【对象】→【变换】→【旋转】命令，在弹出的【旋转】对话框中，设置【角度】为"90°"，单击【复制】按钮，如图 13-85 所示。

步骤 07 拖动变换点增长对象，并将对象移动到左侧适当位置，如图 13-86 所示。按住【Alt】键，拖动复制到右侧，如图 13-87 所示。同时选中四周的线条，按【Ctrl+G】组合键群组对象，如图 13-88 所示。

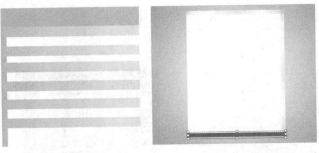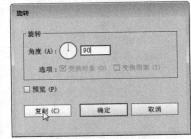

图 13-83　复制对象　图 13-84　拖动复制对象到下方位置　图 13-85　【旋转】对话框

图 13-86　调整对象高度　　图 13-87　拖动复制对象　　图 13-88　群组对象

步骤 08　使用【钢笔工具】绘制路径，填充灰色"#9F9FA0"，如图 13-89 所示。执行【效果】→【模糊】→【高斯模糊】命令，在弹出的【高斯模糊】对话框中设置【半径】为"17.1"像素，单击【确定】按钮，如图 13-90 所示。

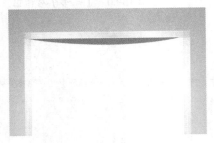

图 13-89　绘制路径　　　　　　图 13-90　【高斯模糊】对话框

步骤 09　通过前面的操作，得到高斯模糊效果，如图 13-91 所示。使用相似的方法制作另外三侧的折痕，如图 13-92 所示。

图 13-91　高斯模糊效果　　　　　图 13-92　制作其他三侧的折痕

步骤 10　选中下方的白色背景对象，在【渐变】对话框中，设置【类型】为"线性"，渐变色为绿色"#D9E8AA"、白色、绿色"#CEE3AA"，如图 13-93 所示。渐变效果如图 13-94 所示。

步骤 11　打开"素材文件 \ 第 13 章 \ 花纹 .ai"，拖动到当前文件中，移动到适当位置，在【透明度】面板中，设置混合模式为"变暗"，如图 13-95 所示。

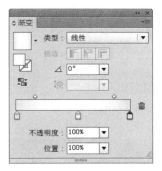

图 13-93　【渐变】对话框　　　图 13-94　渐变填充效果　　　图 13-95　【透明度】面板

步骤 12　使用【矩形工具】绘制矩形（宽度为"110mm"，高度为"36mm"），在【渐变】对话框中，设置渐变色从浅绿色"#72BB2B"到深绿色"#116B37"，如图 13-96 所示。

步骤 13　打开"素材文件 \ 第 13 章 \ 装饰 .ai"，拖动到当前文件中，移动到适当位置，如图 13-97 所示。

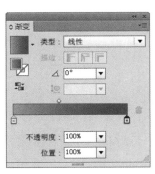

图 13-96　设置渐变色　　　　　图 13-97　添加装饰图案

步骤 14　选择工具箱中的【文字工具】，在画板中输入文字"MASK"和"面膜"，在选项栏中，设置字体为"Gill Sans Ultra Bold"和"幼圆"，字体大小为"30mm"和"18mm"，如图 13-98 所示。选中四周折痕对象，移动到最上方，效果如图 13-99 所示。

步骤 15　打开"素材文件 \ 第 13 章 \ 水滴 .ai"，拖动到当前文件中，移动到适当位置，如图 13-100 所示。移动到背景项目上方，在【透明度】面板中，设置【不透明度】

为"38%",如图 13-101 所示。

图 13-98　输入文字

图 13-99　调整图层顺序

图 13-100　添加水滴素材

图 13-101　调整项目顺序和不透明度

13.5　视频播放器界面设计

效果展示

效果

在 UI 设计领域，视频播放器是常见的一种人机对话窗口。设计产品时，要充分考虑产品的使用便利性，下面介绍如何制作视频播放器界面。

本例首先制作界面整体轮廓，然后制作展示窗口，最后制作播放按钮和数字，得到最终效果。

制作步骤

步骤 01　新建文档，选择工具中的【椭圆工具】，在画板中绘制正圆形，在【渐变】面板中，设置【类型】为"径向"，设置渐变色为浅绿色"#D7E98B"、绿色"#B5D629"、深绿色"#334A00"，如图 13-102 所示。

步骤 02　使用【矩形工具】绘制矩形，调整矩形形状，在【渐变】面板中，设置白黑渐变，如图 13-103 所示。

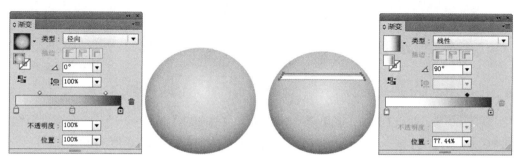

图 13-102　绘制正圆形　　　　　　　图 13-103　绘制矩形

步骤 03　使用相同的方法绘制下方的图形，如图 13-104 所示。在【透明度】面板中，设置混合模式为"正片叠底"，如图 13-105 所示。效果如图 13-106 所示。

图 13-104　绘制下方的图形　　　图 13-105　【透明度】面板　　　图 13-106　混合效果

步骤 04　选择【椭圆工具】绘制圆形，在【渐变】面板中，设置【类型】为"径向"，渐变颜色为绿色"#8A9787"、深绿色"#264334"，如图 13-107 所示。

步骤 05　使用【矩形工具】绘制两个矩形，放置到适当位置，同时选中 3 个图形，在【路径查找器】面板中，单击【差集】按钮，如图 13-108 所示。

图 13-107　绘制圆形并填充渐变色　　　　　图 13-108　创建选中图形并填充白色

> **步骤 06**　删除上下矩形，效果如图 13-109 所示。使用相同的方法绘制图形，在【渐变】面板中，设置【类型】为"径向"，设置渐变色为浅绿色"#D7E98B"、绿色"#B5D629"、深绿色"#334A00"，执行【对象】→【排列】→【后移一层】命令，调整对象顺序，如图 13-110 所示。

图 13-109　删除上下矩形效果　　　　　图 13-110　绘制图形并调整图层顺序

> **步骤 07**　使用【钢笔工具】绘制路径，在【透明度】面板中，设置混合模式为"滤色"，如图 13-111 所示。使用相同的方法绘制右下方的高光，如图 13-112 所示。

图 13-111　绘制路径并设置混合模式　　　　图 13-112　绘制右下方的高光

> **步骤 08**　选择工具箱中的【星形工具】，在【星形】对话框中，设置【半径1】为"25px"、【半径2】为"50px"、【角点数】为"3"，单击【确定】按钮，如图 13-113 所示。为图形填充白色，旋转到适当角度，如图 13-114 所示。

> **步骤 09**　执行【效果】→【风格化】→【圆角】命令，在【圆角】对话框中，设置【半径】为"20px"，单击【确定】按钮，如图 13-115 所示。

> **步骤 10**　选择三角形，按【Ctrl+C】组合键复制图形，执行【编辑】→【粘在前面】命令，再执行【效果】→【模糊】→【高斯模糊】命令，在弹出的【高斯模糊】对话框中设置【半径】为"5"像素，单击【确定】按钮，如图 13-116 所示。

图 13-113　【星形】对话框

图 13-114　填充白色

图 13-115　圆角效果

步骤 11　使用【椭圆工具】 ⬭ 绘制圆形（宽度和高度为"43px"），在【渐变】面板中，设置【类型】为"径向"，渐变色从白色到灰色"#7D7D7D"，使用【渐变工具】 ▦ 调整渐变的位置，如图 13-117 所示。

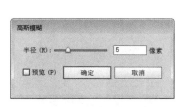

图 13-116　高斯模糊效果　　　　　　　图 13-117　绘制圆形并设置渐变色

步骤 12　使用【椭圆工具】 ⬭ 绘制圆形（宽度和高度为"38px"），填充相同的渐变色，并使用【渐变工具】 ▦ 调整渐变位置，如图 13-118 所示。

步骤 13　结合【星形工具】 ☆ 和【圆角矩形工具】 ▢ 绘制图形，填充白色和深灰色"#6D6E71"，如图 13-119 所示。

步骤 14　使用【选择工具】选中左侧的图形，选择【镜像工具】 ◪，在黑色三角形中点单击，定义镜像轴，如图 13-120 所示。

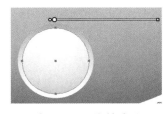

图 13-118　绘制圆形　　　　图 13-119　绘制图形　　　　图 13-120　定义镜像轴

步骤 15　使用【椭圆工具】 ⬭ 绘制圆形（宽度和高度为"36px"），在【渐变】面板中，设置【类型】为"径向"，渐变为白黑渐变，调整色条如图 13-121 所示。

步骤 16　在【透明度】面板中，设置混合模式为"滤色"，如图 13-122 所示。

步骤 17　使用【椭圆工具】 ⬭ 绘制圆形（宽度和高度为"28px"），填充白色，如图 13-123 所示。使用相同的方法绘制其他圆形，如图 13-124 所示。

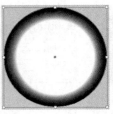

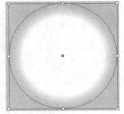

图 13-121　绘制圆形并填充渐变色　　　　图 13-122　设置混合模式为"滤色"

步骤 18　使用【文字工具】T输入数字"1，2，3，4，5"，在选项栏中，设置字体为
"汉仪粗宋简"，字体大小分别为"4mm"和"8mm"，文字颜色分别为黑灰"#939598"，
如图 13-125 所示。

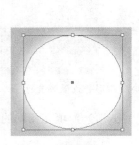

图 13-123　绘制圆形　　　　图 13-124　绘制其他圆形　　　　图 13-125　添加数字

ILLUSTRATOR

Illustrator CC 工具名称及其对应的快捷键如下。

工具名称	快捷键	工具名称	快捷键
选择工具	V	直接选择工具	A
编组选择工具	A	套索工具	Q
魔棒工具	Y	添加锚点工具	+
钢笔工具	P	曲率工具	Shift+ ~
删除锚点工具	−	文字工具	T
锚点工具	Shift+C	直线段工具	\
修饰文字工具	Shift+T	椭圆工具	L
矩形工具	M	铅笔工具	N
画笔工具	B	橡皮擦工具	Shift+E
斑点画笔工具	Shift+B	旋转工具	R
剪刀工具	C	比例缩放工具	S
镜像工具	O	变形工具	Shift+R
宽度工具	Shift+W	形状生成器工具	Shift+M
自由变换工具	E	实时上色选择工具	Shift+L
实时上色工具	K	透视选区工具	Shift+V
透视网格工具	Shift+P	渐变工具	G
网格工具	U	混合工具	W
吸管工具	I	柱形图工具	J
符号喷枪工具	Shift+S	切片工具	Shift+K
画板工具	Shift+O	缩放工具	Z
抓手工具	H	互换填色和描边	Shift+X
默认填色和描边	D	渐变	>
颜色	<	正常绘图	Shift+D
无 /	T	内部绘图	Shift+D
背面绘图	Shift+D	套索工具	Q
更改屏幕模式	F		

CC
ILLUSTRATOR

附录 B
Illustrator CC 命令与快捷键索引

1. 【文件】菜单快捷键

文件命令	快捷键	文件命令	快捷键
新建…	Ctrl+N	从模板新建	Shift+Ctrl+N
打开…	Ctrl+O	在 Bridge 中浏览	Alt+Ctrl+O
关闭	Ctrl+W	关闭全部	Alt+Ctrl+W
存储	Ctrl+S	存储为	Shift+Ctrl+S
存储副本	Alt+Ctrl+S	存储为 Web 所用格式	Alt+Shift+Ctrl+S
恢复	F12	置入	Shift+Ctrl+P
打包	Alt+Shift+Ctrl+P	文档设置	Alt+Ctrl+P
文件信息	Alt+Shift+Ctrl+I	打印	Ctrl+P
退出	Ctrl+Q		

2. 【编辑】菜单快捷键

编辑命令	快捷键	编辑命令	快捷键
还原	Ctrl+Z	重做	Shift+Ctrl+Z
剪切	Ctrl+X 或 F2	复制	Ctrl+C
粘贴	Ctrl+V 或 F4	粘在前面	Ctrl+F
贴在后面	Ctrl+B	就地粘贴	Shift+Ctrl+V
在所有画板上粘贴	Alt+Shift+Ctrl+V	拼写检查	Ctrl+I
颜色设置	Shift+Ctrl+K	键盘快捷键	Alt+Shift+Ctrl+K
首选项	Ctrl+K		

3. 【对象】菜单快捷键

对象命令	快捷键	对象命令	快捷键
再次变换	Ctrl+D	移动	Shift+Ctrl+M
分别变换	Alt+Shift+Ctrl+D	置于顶层	Shift+Ctrl+]
前移一层	Ctrl+]	后移一层	Ctrl+ [
置于底层	Shift+Ctrl+ [	编组	Ctrl+G
取消编组	Shift+Ctrl+B	锁定→所选对象	Ctrl+2
全部解锁	Alt+Ctrl+2	隐藏→所选对象	Ctrl+3
显示全部	Alt+Ctrl+3	路径→连接	Ctrl+J
路径→平均	Alt+Ctrl+J	编辑图案	Shift+Ctrl+F8
混合→建立	Alt+Ctrl+B	混合→释放	Alt+Shift+Ctrl+B
封套扭曲→用变形建立	Alt+Shift+Ctrl+W	封套扭曲→用网格建立	Alt+Ctrl+W
封套扭曲→用顶层对象建立	Alt+Ctrl+C	实时上色→建立	Alt+Ctrl+X
剪切蒙版→建立	Ctrl+7	剪切蒙版→释放	Alt+Ctrl+7
复合路径→建立	Ctrl+8	复合路径→释放	Alt+Shift+Ctrl+8

4. 【文字】菜单快捷键

文字命令	快捷键	文字命令	快捷键
创建轮廓	Shift+Ctrl+O	显示隐藏字符	Alt+Ctrl+I

5. 【选择】菜单快捷键

选择命令	快捷键	选择命令	快捷键
全部	Ctrl+A	现用画板上的全部对象	Alt+Ctrl+A
取消选择	Shift+Ctrl+A	重新选择	Ctrl+6
上方的下一个对象	Alt+Ctrl+]	下方的下一个对象	Alt+Ctrl+[

6. 【效果】菜单快捷键

效果命令	快捷键	效果命令	快捷键
应用上一个效果	Shift+Ctrl+E	上一个效果	Alt+Shift+Ctrl+E

7. 【视图】菜单快捷键

视图命令	快捷键	视图命令	快捷键
轮廓/预览	Ctrl+Y	叠印预览	Alt+Shift+Ctrl+Y
像素预览	Alt+Ctrl+Y	放大	Ctrl++
缩小	Ctrl+−	画板适合窗口大小	Ctrl+0
全部适合窗口大小	Alt+Ctrl+0	实际大小	Ctrl+1
隐藏边缘	Ctrl+H	隐藏画板	Shift+Ctrl+H
隐藏模板	Shift+Ctrl+W	显示标尺	Ctrl+R
更改为画板标尺	Alt+Ctrl+R	隐藏定界框	Shift+Ctrl+B
显示透明度网格	Shift+Ctrl+D	隐藏文本串接	Shift+Ctrl+Y
隐藏渐变批注者	Alt+Ctrl+G	隐藏参考线	Ctrl+;
锁定参考线	Alt+Ctrl+;	建立参考线	Ctrl+5
释放参考线	Alt+Ctrl+5	智能参考线	Ctrl+U
隐藏网格	Shift+Ctrl+I	显示网格	Ctrl+'
对齐网格	Shift+Ctrl+'	对齐点	Alt+Ctrl+'

8. 【窗口】菜单快捷键

窗口命令	快捷键	窗口命令	快捷键
信息	Ctrl+F8	变换	Shift+F8
图层	F7	图形样式	Shift+F5
外观	Shift+F6	对齐	Shift+F7
属性	Ctrl+F11	描边	Ctrl+F10
OpenType	Alt+Shift+ctrl+T	制表符	Shift+Ctrl+T
字符	Ctrl+T	段落	Alt+Ctrl+T
渐变	Ctrl+F9	画笔	F5
符号	Shift+Ctrl+F11	路径查找器	Shift+Ctrl+F9
透明度	Shift+Ctrl+F10	颜色	F6
颜色参考	Shift+F3		

9. 【帮助】菜单快捷键

帮助命令	快捷键
Illustrator 帮助	F1

CC

ILLUSTRATOR

附录 C

下载、安装和卸载 Illustrator CC

1. 获取软件安装程序的途径

要在计算机中安装需要的软件，首先需要获取到软件的安装文件或称为安装程序。目前获取软件安装文件的途径主要有以下 3 种。

（1）购买软件光盘。这是获取软件最正规的渠道，当软件厂商发布软件后，即会在市面上销售软件光盘，用户只要购买到光盘，然后放入计算机光驱中进行安装就可以了。这种途径的好处在于能够保证获得正版软件、能够获得软件的相关服务，以及能够保证软件使用的稳定性与安全性（如没有附带病毒、木马等）。当然，一些大型软件光盘价格不菲，需要支付一定的费用。

（2）通过网络下载。这是很多用户最常用的软件获取方式，对于联网的用户来说，通过专门的下载网站、软件的官方下载站点都能够获得软件的安装文件。通过网络下载的好处在于无须专门购买，不必支付购买费用（共享软件有一定时间的试用期）。缺点在于软件的安全性与稳定性无法保障，可能携带病毒或木马等恶意程序，以及部分软件有一定的使用限制等。

（3）从其他计算机复制。如果其他计算机中保存有软件的安装文件，那么就可以通过网络或者移动存储设备复制到自己的计算机中进行安装。

2. 软件安装过程

如果计算机中已经有其他版本的 Illustrator 软件，在进行新版本的安装前，不需要卸载其他版本，但需要将运行的软件关闭。具体安装步骤如下。

步骤 01 打开 Illustrator CC 安装文件，双击【Set-up.exe】图标，运行安装程序，如图 C-1 所示。弹出【Adobe 安装程序】对话框，初始化 Illustrator CC 安装程序，并显示初始化进度条，如图 C-2 所示。

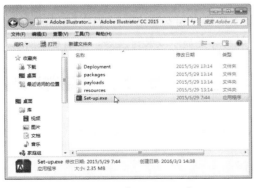

图 C-1　双击【Set-up.exe】图标　　　图 C-2　【Adobe 安装程序】对话框

步骤 02 完成 Illustrator CC 安装程序初始化后，弹出【Adobe Illustrator CC】欢迎界面，单击【安装】图标，如图 C-3 所示。弹出【Adobe Illustrator CC】登录界面，单击【登录】按钮，如图 C-4 所示。

图 C-3 【Adobe Illustrator CC】欢迎界面

图 C-4 【Adobe Illustrator CC】登录界面

步骤 03   在【登录】和【密码】文本框中，分别输入用户名和密码，如图 C-5 所示。完成登录后，进入 Adobe 软件许可协议界面，单击【接受】按钮，如图 C-6 所示。

图 C-5 输入用户名和密码

图 C-6 Adobe 软件许可协议界面

步骤 04   进入选项选择界面，可以选择安装语言和安装位置，单击【安装】按钮，如图 C-7 所示；进入安装界面，系统开始安装软件，并显示安装进度条，如图 C-8 所示。

图 C-7 选择安装语言和安装位置

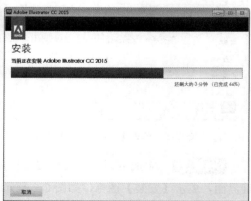

图 C-8 安装界面

步骤 05 完成安装后，进入安装完成界面，单击【立即启动】按钮，如图 C-9 所示；系统开始启动 Adobe Illustrator CC 软件，并显示启动界面，如图 C-10 所示。

图 C-9　安装完成界面　　　　图 C-10　启动 Adobe Illustrator CC 软件界面

3．软件卸载过程

当不再使用 Illustrator CC 软件时，可以将其卸载，以节约硬盘空间，卸载软件需要使用 Windows 的卸载程序，具体操作步骤如下。

步骤 01 打开 Windows 控制面板，单击【程序】图标，如图 C-11 所示。弹出【程序】界面，在【程序和功能】选项中，单击【卸载程序】链接，如图 C-12 所示。

图 C-11　Windows 控制面板　　　　图 C-12　【程序】界面

步骤 02 在打开的【卸载或更改程序】界面中，双击 Adobe Illustrator CC 软件，如图 C-13 所示。弹出【卸载选项】界面，勾选【删除首选项】复选框，单击【卸载】按钮，如图 C-14 所示。

步骤 03 弹出【卸载】界面，并显示卸载进度条，如图 C-15 所示。完成卸载后，进入【卸载完成】界面，单击【关闭】按钮即可，如图 C-16 所示。

图 C-13 【卸载或更改程序】界面

图 C-14 【卸载选项】界面

图 C-15 【卸载】界面

图 C-16 【卸载完成】界面

CC
ILLUSTRATOR

为了强化学生的上机操作能力，专门安排了以下上机实训项目，老师可以根据教学进度与教学内容，合理安排学生上机训练操作的内容。

实训一：制作像素效果

在 Illustrator CC 中，制作如图 D-1 所示的"像素"效果。

素材文件	无
结果文件	结果文件 \ 综合上机实训结果文件 \ 实训一 .psd

图 D-1　像素效果

操作提示

在制作"像素效果"的实例操作中，主要使用了矩形工具、直线段工具、选择、路径查找器及填色等知识内容。主要操作步骤如下。

（1）在画板中，使用【矩形工具】绘制一个 180mm×100mm 的长方形图形。

（2）使用【直线段工具】绘制与左侧平行的直线。设置描边宽度为"0.25mm"，如图 D-2 所示。执行【对象】→【变换】→【移动】命令，设置参数如图 D-3 所示。按【Ctrl+D】组合键 8 次，如图 D-4 所示。

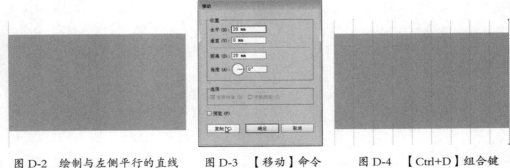

图 D-2　绘制与左侧平行的直线　　图 D-3　【移动】命令　　图 D-4　【Ctrl+D】组合键

（3）使用相同的方法绘制水平方向的并列线条，如图 D-5 所示。

（4）使用【选择工具】选中矩形和所有直线。在【路径查找器】命令中，单击【分割】按钮，如图 D-6 所示。

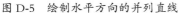

图 D-5　绘制水平方向的并列直线

图 D-6　【路径查找器】命令

（5）在图形上右击鼠标，在打开的快捷菜单中，选择【取消编组】命令，使用【选择工具】单独选择小方块，填充需要的颜色即可。

实训二：添加霞光效果

在 Illustrator CC 中，制作如图 D-7 所示的"霞光"效果。

素材文件	素材文件 \ 综合上机实训结素材果文件 \ 实训二 .jpg
结果文件	结果文件 \ 综合上机实训结果文件 \ 实训二 .psd

图 D-7　霞光效果

操作提示

在绘制"太极图"的实例操作中，主要使用了标尺及参考线的定位、选区的创建与编辑、描边等知识。主要操作步骤如下。

（1）置入素材文件"风景 .jpg"。

（2）使用【矩形工具】绘制和风景图像相同大小的矩形。

（3）为矩形填充黑白径向渐变色，如图 D-8 所示。

（4）使用【渐变工具】调整渐变的位置，如图 D-9 所示。

图 D-8　填充黑白径向渐变色

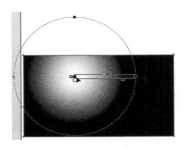

图 D-9　调整渐变的位置

（5）同时选中所有图形，在【不透明度】面板中，单击【制作蒙版】复选项，勾选【反相蒙版】复选项即可。

实训三：绘制花朵效果

在 Illustrator CC 中，绘制如图 D-10 所示的"花朵图形"效果。

素材文件	无
结果文件	结果文件 \ 综合上机实训结果文件 \ 实训三 .psd

图 D-10　花朵图形

操作提示

在绘制"花朵图形"的实例操作中，主要使用了钢笔工具、渐变颜色的编辑与填充、图像的自由变换等知识。主要操作提示如下。

（1）使用【钢笔工具】绘制星形。在【渐变】面板中，设置线性渐变填充，渐变色为浅粉到粉，如图 D-11 所示。

（2）使用【旋转工具】变换图形，移动变换中心到下方，按住【Alt】键拖动复制图形，如图 D-12 所示。

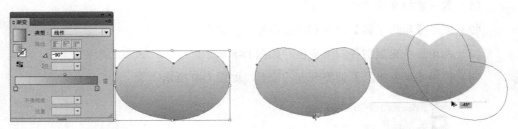

图 D-11　为图形设置渐变　　　　　　　　图 D-12　拖动复制图形

（3）按【Ctrl+D】组合键多次，多次复制图形，选中多个图形。按【Ctrl+G】组合键群组图形，如图 D-13 所示。

（4）使用"椭圆工具"绘制圆形，填充径向橙黄色渐变，复制多个圆形，移动到适当位置。按【Ctrl+G】组合键群组圆形，移动到粉色花瓣上方，如图 D-14 所示。

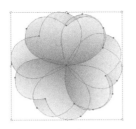
图 D-13　群组图形

图 D-14　群组圆形

实训四：制作线条背景效果

在 Illustrator CC 中，制作如图 D-15 所示的"线条背景"效果。

素材文件	无
结果文件	结果文件 \ 综合上机实训结果文件 \ 实训四 .psd

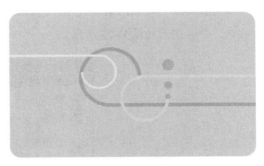
图 D-15　制作线条背景效果

操作提示

在制作"线条背景"效果的实例操作中，主要使用了椭圆工具、【路径查找器】面板、记刻刀工具等知识。主要操作步骤如下。

（1）使用【椭圆工具】绘制圆形，填充橙色。按【Ctrl+C】组合键复制圆形，按【Ctrl+F】组合键，将复制的图形粘贴在原图形的前面。按【Alt+Shift】组合键，等比例缩小图形，同时选中两个圆形，如图 D-16 所示。

（2）在"路径查找器"面板中，单击【差集】按钮，如图 D-17 所示，效果如图 D-18 所示。

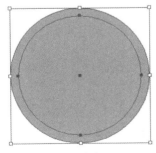
图 D-16　选中圆形

图 D-17　【差集】按钮

图 D-18　效果图

（3）选择【刻刀工具】在环形右侧的两个锚点和下方的两个锚点处切割图形，如图
D-19 所示。选择右下角的环形图形，按【Delete】键删除，如图 D-20 所示。

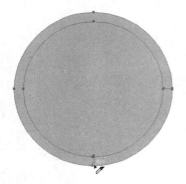

图 D-19　切割图形

图 D-20　删除图形

（4）使用【矩形工具】绘制矩形，和圆的切口处相接，如图 D-21。在【路径查找器】
面板中，单击【联集】按钮，合并图形如图 D-22 所示。

图 D-21　绘制矩形

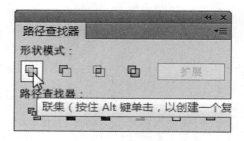

图 D-22　【联集】命令

（5）右击图形，在打开的快捷菜单中，选择【变换】菜单下面的【对称】命令，设
置水平轴，单击【复制】按钮，如图 D-23 所示。调整大小和位置，使用相同的方法按垂
直轴复制图形。使用【圆角矩形工具】绘制圆角矩形，填充浅蓝色，移动到图形最下方
作为背景，如图 D-24 所示。

图 D-23　【镜像】对话框

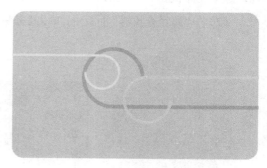

图 D-24　绘制圆角矩形

（6）使用【椭圆工具】绘制橙色图形，复制多个橙色图形，并调整大小和位置，移到适当位置。

实训五：制作"抽象蜗牛"图像特效

在 Illustrator CC 中，制作如图 D-25 所示的"抽象蜗牛"效果。

素材文件	无
结果文件	结果文件 \ 综合上机实训结果文件 \ 实训五 .psd

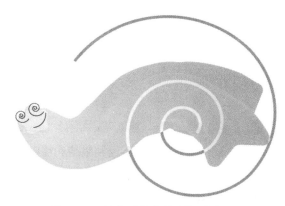

图 D-25　制作"抽象蜗牛"效果

操作提示

在制作"抽象蜗牛"图像特效的实例操作中，主要使用了星形工具、混合工具、螺旋线工具、弧形工具、图层混合等知识。主要操作步骤如下。

（1）使用【星形工具】绘制星形，填充绿色。使用【直接选择工具】拖动实时转角控件，调整星形形状，如图 D-26 所示。

（2）复制星形，拖动实时转角控件，调整星形形状。设置填充为浅蓝色，描边为黄色，如图 D-27 所示。

图 D-26　绘制星形

图 D-27　描边

（3）使用【混合工具】依次单击两个图形，得到混合图形。使用【钢笔工具】绘制路径，同时选中两个图形，如图 D-28 所示。执行【对象】→【混合】→【替换混合轴】命令，水平翻转图形，效果如图 D-29 所示。

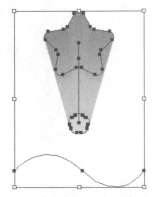

图 D-28　使用【钢笔工具】绘制路径　　　　　图 D-29　水平翻转图形

（4）使用【螺旋线工具】和【弧形工具】绘制眼睛和嘴巴和身体，选中身体部分的螺旋线图形，在【透明度】面板中，更改【混合模式】为颜色减淡。

实训六：制作"云彩背景"效果

在 Illustrator CC 中，制作如图 D-30 所示的"秋天黄叶"效果。

素材文件	无
结果文件	结果文件 \ 综合上机实训结果文件 \ 实训六 .psd

图 D-30　制作云彩图案效果

操作提示

在制作"云彩图案"的图像特效操作中，主要使用了螺旋线工具、复制变换操作、色板面板，矩形工具等知识。主要操作步骤如下。

（1）使用【螺旋线工具】绘制螺旋线图形，使用【直接选择工具】选中最内侧的锚点，按【Delete】键删除，如图 D-31 所示。

（2）按【Ctrl+C】组合键复制图像，按【Ctrl+F】组合键粘贴到前面，适当放大和旋转图形，旋转锚点后，使用【直接选择工具】选择两条螺旋线内侧相接的两个锚点，执行【对象】→【路径】→【连接】命令，使用相同的方法连接外侧两个锚点，如图 D-32 所示。

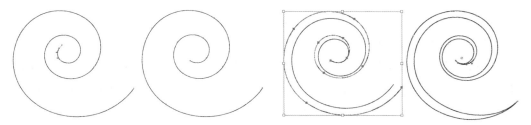

图 D-31　绘制螺旋线图形　　　　　　　图 D-32　连接外侧锚点

（3）多次复制图形并调整大小和位置。选中所有图形后，按【Ctrl+G】组合键群组图形。设置填充为白色，描边为无。

（4）多次复制图形并调整大小和位置。选中所有图形后，按【Ctrl+G】组合键群组图形，如图 D-33 所示。设置填充为白色，描边为无。把图形拖动到【色板】面板上，新建图案，如图 D-34 所示。

图 D-33　群组图形　　　　　　　　　　图 D-34　新建图案

（5）使用【矩形工具】绘制矩形对象，填充蓝色，按【Ctrl+C】组合键复制图形，按【Ctrl+F】组合键粘贴到前面，在【色相】面板中，单击刚才创建的云彩图案，为矩形填充云彩图案。

实训七：绘制灯笼

在 Illustrator CC 中，制作如图 D-35 所示的"灯笼"效果。

素材文件	无
结果文件	结果文件 \ 综合上机实训结果文件 \ 实训七 .psd

图 D-35　制作灯笼效果

在制作"灯笼"的实例操作中，主要使用了椭圆工具、混合工具、比例缩放工具、渐变填充、文字工具、钢笔工具等相关使用知识。主要操作步骤如下。

（1）使用【椭圆工具】绘制椭圆图形，填充红色。双击工具箱的【比例缩放工具】，设置比例缩放为不等比，"水平"为10%，"垂直"为100%；单击【复制】按钮，复制图形后，填充黄色，如图D-36所示。

（2）执行【对象】→【混合】→【建立】命令，再次执行【对象】→【混合】→【混合选项】命令；设置"指定的步数"为4，如图D-37所示。

图 D-36　填充黄色　　　　　　　　　　　　图 D-37　设置"指定的步数"

（3）使用【矩形工具】绘制矩形，填充红色到黄色的径向渐变，如图D-38所示。使用【钢笔工具】绘制路径，设置描边粗细为3像素，描边颜色为红色。同时复制线条和矩形到下方，如图D-39所示。

图 D-38　填充由红到黄的径向渐变　　　　　图 D-39　复制线条和矩形

（4）更改下方的线条颜色为橙色，复制一条到右侧，同时选中两条线条，执行【对象】→【混合】→【建立】命令，再次执行【对象】→【混合】→【混合选项】命令，设置"指定的步数"为10，如图D-40所示。

（5）使用【文字工具】输入文字"春节"，在选项中，设置填充为红，描边为黄，描边粗细为2像素，设置字体为"超粗圆"，字体大小为"72pt"，如图D-41所示。

图 D-40　设置"指定的步数"为 10　　　　图 D-41　输入文字

实训八：制作可爱文字效果

在 Illustrator CC 中，制作如图 D-42 所示的"文字放射"效果。

素材文件	无
结果文件	结果文件 \ 综合上机实训结果文件 \ 实训八 .psd

图 D-42　制作"可爱文字"效果

操作提示

在制作"可爱文字"的实例操作中，主要使用了矩形工具、网格工具、直接选择工具、文字等知识。主要操作步骤如下。

（1）使用【矩形工具】绘制矩形，使用【网格工具】创建网格，使用【直线选择工具】分别选中网格点，填充蓝色和黄色。

（2）使用【文字工具】输入字母"So Cute"，设置填充为浅黄色，描边为蓝色，描边粗细为"2pt"，在选项栏中，设置字体为"Jokerman"，字体大小为"72pt"。

（3）复制文字，更改后面的文字颜色为深蓝色，稍微错位摆放。

（4）使用【矩形工具】绘制矩形，填充暗黄色。执行【效果】→【扭曲和变换】→【粗糙化】命令，粗糙化图形边缘，移动到最下方。

实训九：数字之眼效果

在 Illustrator CC 中，制作如图 D-43 所示的"数字之眼"效果。

素材文件	无
结果文件	结果文件 \ 综合上机实训结果文件 \ 实训九 .psd

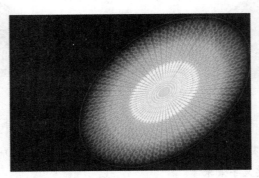

图 D-43　制作数字之眼效果

操作提示

在制作"数字之眼"的实例操作中，主要使用了椭圆工具、路径文字工具、创建轮廓、缩放命令、椭圆工具、渐变填充、倾斜命令等知识。主要操作步骤如下。

（1）使用【椭圆工具】绘制椭圆图形。

（2）使用【路径文字工具】在椭圆上输入数字"8"。多次输入直到填完整条路径。执行【文字】→【创建轮廓】命令，如图 D-44 所示。

（3）执行【对象】→【变换】→【缩放】命令，在【比例缩放】对话框中，设置【比例缩放】为 20%，单击【复制】按钮，将图像复制一份，如图 D-45 所示。

（4）执行【对象】→【混合】→【建立】命令，再次执行【对象】→【混合】→【混合选项】命令，设置"指定的步数"为 10，如图 D-46 所示。

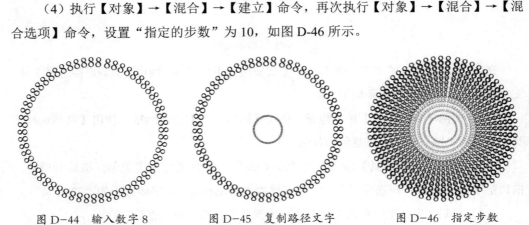

图 D-44　输入数字 8　　　　　图 D-45　复制路径文字　　　　　图 D-46　指定步数

（5）使用【椭圆工具】绘制圆形，填充径向黄、浅蓝、蓝 #1D2974 渐变色，如图 D-47 所示。选中所有图形，执行【对象】→【变换】→【倾斜】命令，设置【倾斜角度】为 25°，效果如图 D-48 所示。

图 D-47　修改渐变色

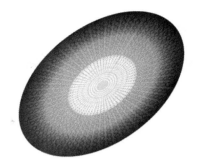

图 D-48　设置倾斜角度

（6）使用【矩形工具】绘制矩形，移到到最下层，填充蓝色"#1D2974"。

实训十：打造发光的草地效果

在 Illustrator CC 中，制作如图 D-49 所示的"发光的草地"效果。

素材文件	素材文件 \ 综合上机实训素材文件 \ 实训十 -1.jpg，实训十 -2.jpg
结果文件	结果文件 \ 综合上机实训结果文件 \ 实训十 .psd

图 D-49　"发光的草地"效果对比

操作提示

在制作"发光的草地"的实例操作中，主要使用了置入命令、绘画涂抹命令、光晕工具等知识。主要操作步骤如下。

（1）新建文档，置入素材文件"实训十 -1.jpg"和"实训十 -2.jpg"。

（2）移动草地到下方适当位置，执行【滤镜】→【艺术效果】→【绘画涂抹】命令，创建艺术效果。

（3）在【透明度】面板中，设置混合模式为"正片叠底"。

（4）选择【光晕工具】在草地上拖动鼠标指针，创建多个不同大小的光晕。

CC
ILLUSTRATOR

附录 E
知识与能力总复习题 1

（全卷：100 分　答题时间：120 分钟）

一、选择题（每题 2 分，共 23 小题，共计 46 分）

1. Illustrator CC 新增了许多实用功能，包括（　　）、自由变换工具、多文件置入、自动生成边角图案等。

　　A．变形工具　　　　　　　　　　B．修饰文字工具

　　C．文字工具　　　　　　　　　　D．群组选择工具

2. 按键盘上的（　　）键，可以显示或隐藏工具选项栏、工具箱和所有浮动面板。按【Shift+Tab】组合键，可以显示或隐藏浮动面板。

　　A．【Tab】　　　B．【Shift】　　　C．【Ctrl】　　　D．【Space】

3. 保存文件后，如果不再使用当前文件，就可以暂时关闭它，以节约内存空间，提高工作效率。执行【文件】→【关闭】命令或者按（　　）组合键，即可关闭当前文件。

　　A．【Ctrl+T】　　B．【Ctrl+O】　　C．【Ctrl+Alt】　　D．【Ctrl+W】

4. 执行【视图】→【对齐点】命令，可以启用点对齐功能，此后移动对象时，可将其对齐到（　　）和参考线上。

　　A．线条　　　　　B．对象内部　　　C．锚点　　　　　D．对象边缘

5. 拖动【螺旋线工具】◎绘制螺旋线时，按住鼠标可以旋转螺旋线；按下（　　）键，可以调整螺旋线的方向。

　　A．【C】　　　　B．【E】　　　　C．【D】　　　　D．【R】

6. 在绘制星形的过程中，按住（　　）键可以把星形摆正。

　　A．【Shift】　　　B．【S】　　　C．【Alt】　　　D．【Esc】

7.（　　）是在两个对象之间平均分布形状或者颜色，从而形成新的对象。

　　A．混合对象　　　B．渐变对象　　　C．群组对象　　　D．组合对象

8.【吸管工具】✒可以在对象间复制（　　），其中包括文字对象的字符、段落、填色和描边属性。

　　A．颜色值　　　　B．填充值　　　　C．外观属性　　　D．轮廓颜色

9. 如果文本超过了该区域所能容纳的数量，将在该区域底部附近出现一个带（　　）的小方框，拖动文本框的控制点，放大文本框后，即可显示隐藏的文字。

　　A．句号　　　　　B．感叹号　　　　C．加号　　　　　D．减号

10. 在 Illustrator CC 中，用户可以将文字沿着任何对象排布，需要文字绕着的对象必须放在文字对象的（　　）。

　　A．下层　　　　　B．上层　　　　　C．中间层　　　　D．最后一层

11. 在默认情况下图层缩览图以（　　）尺寸显示，在【图层】快捷菜单中，选择【面板选项】命令，弹出【图层面板选项】对话框，在【行大小】栏中启用不同的选项，能

够得到不同尺寸的图层缩览图。

    A．"略缩图"   B．"大"   C．"中"   D．"小"

12．要停用蒙版，在【图层】面板中定位被蒙版对象，然后按住（　　）键并单击【透明度】面板中蒙版对象的缩览图。

    A．【Enter】   B．【Shift】   C．【Tab】   D．【Caps Lock】

13．凸出厚度是用来设置对象沿（　　）挤压的厚度，该值越大，对象的厚度越大；其中，不同厚度参数的同一对象挤压效果不同。

    A．xl 轴   B．z 轴   C．x 轴   D．y 轴

14．（　　）滤镜可以描绘颜色的边缘，并向其添加类似霓虹灯照的边缘光亮。

    A．【锐化】   B．【查找边缘】   C．【照亮边缘】   D．【边缘】

15．选中符号实例后，单击属性栏中的【断开】按钮，或者执行【对象】→（　　）命令，也能够断开符号链接。

    A．【扩展】   B．【取消编组】   C．【栅格化】   D．【扩展外观】

16．图表功能以可视直观的方式显示（　　），用户可以创建9种不同类型的图表并自定义这些图表以满意创建者的需要。

    A．对象轮廓   B．统计信息   C．对象颜色   D．对象组成

17．单击工具箱中的【切片工具】，在网页上单击并拖动鼠标左键，释放鼠标后，即可创建（　　），其中，淡红色标识为自动切片。

    A．红色选区   B．切片   C．自动切片   D．选区

18．动作的所有操作都可以在（　　）面板中完成，包括新建、播放、编辑和删除动作，还可以载入系统预设的动作。

    A．【批处理】   B．【动作】   C．【自动化】   D．【图层】

19．拖动【弧线工具】绘制弧线时，按住（　　）键，可以切换弧线的凹凸方向

    A．【A】   B．【X】   C．【E】   D．【D】

20．执行【窗口】→【对齐】命令或按（　　）组合键，可以打开【对齐】面板。

    A．【Shift+F7】   B．【Shift+F6】   C．【Shift+F5】   D．【Shift+F3】

21．使用【选择工具】选中需要调整的图形对象，图像外框会出现（　　）个控制点，

    A．10   B．5   C．7   D．8

22．双击【比例缩放工具】按钮或按住（　　）键，在画板中单击，会弹出【比例缩放】对话框

    A．【Tab】   B．【Ctrl】   C．【Insert】   D．【Alt】

23．（　　）是通过路径将图形划分为多个上色区域，每一个区域都可以单独上色或描边。

    A．填色   B．实时上色   C．封套   D．组合

二、填空题（每题 2 分，共 12 小题，共计 24 分）

1. 按键盘上的【Tab】键，可以显示或隐藏_____、_____和所有_____。按【Shift+Tab】组合键，可以显示或隐藏浮动面板。

2. 【套索工具】用于选择_____、_____和_____。该工具可以拖动出自由形状的选区

3. 在【直线段工具选项】对话框中，勾选_____复选框后，则可以将当前描边色应用到线段上。

4. 在 Illustrator CC 中，使用绘图工具可以绘制出不规则的直线或曲线，或任意图形。而绘制的每个图形对象都由_____和_____构成。

5. 对象编组后，图形对象将像单一对象一样，可以任由用户_____、_____或进行其他操作。

6. 选择【变形工具】后，按住【Alt】键，在绘图区域拖动鼠标左键，可以即时快速地更改_____，此功能非常实用，初学者应该熟悉掌握。

7. 路径文本工具包括_____和_____。选择工具后，在路径上单击鼠标左键，出现文字输入点后，输入文本，文字将沿着路径的形状进行排列。

8. 使用不透明度蒙版，可以更改底层对象的透明度。蒙版对象定义了_____和_____，可以将任何着色或栅格图像作为蒙版对象。

9. 使用 3D 命令，可以将二维对象转换为三维效果，并且可以通过改变_____、_____、_____及更多的属性来控制 3D 对象的外观。

10. Illustrator CC 能够将_____、_____、_____、_____、_____和_____转换为符号，但是不能转换外部链接的位图或一些图表组。

11. 执行【对象】→【切片】→【从所选对象创建】命令，将会根据选中图形_____划分切片。

12. 用户创建切片后，还可以对切片进行_____、_____、_____、_____、_____等各种操作，不同类型的切片，其编辑方式有所不同。

三、判断题（每题 1 分，共 14 小题，共计 14 分）

1. Illustrator CC 2015 经历了从内到外的重建，处理复杂文件时速度更快、更加直观，而且具有坚如磐石的稳定性。现在用户创建和编辑图案的效率可提高 50%。（　　　）

2. 按【Ctrl+O】组合键，打开【打开】对话框。在选择文件时，按住【Shift】键单击目标文件，可以选择多个连续文件；按住【Ctrl】键单击目标文件，可以选择不连续的文件。（　　　）

3. 在绘制圆角矩形的过程中，按【←】或【→】键，可增加或减小圆角矩形的圆角半径。（　　　）

4．绘制路径后，还可以对路径进行调整。选中单个锚点时，选项栏中除了显示转换锚点的选项外，还显示该锚点的坐标。 （ ）

5．使用【颜色】面板只能使用相同的颜色模式显示颜色值，然后将颜色应用于图形的填充和描边。 （ ）

6．执行【窗口】→【对齐】命令或按【Shift+F7】组合键，可以打开【对齐】面板。 （ ）

7．使用【旋转扭曲工具】 可以使图形产生水波的形状，在绘图区域中需要扭曲的对象上单击或拖曳鼠标，即可使图形产生漩涡效果。 （ ）

8．区域文本工具包括【区域文字工具】 和【直排区域文字工具】 ，使用这两种工具可以将文字放入特定的区域路径上，形成多种多样的文字排列效果。 （ ）

9．在【图层】面板中，单击左侧的【切换可视性】图标可以控制相应图层中的图形对象的显示与隐藏。 （ ）

10．在【3D 凸出和斜角选项】对话框中，单击【贴图】按钮，弹出【贴图】对话框，通过该对话框可将符号或指定的符号添加到立体对象的表面上。 （ ）

11．Web 安全颜色是指在不同硬件环境、不同操作系统、不同浏览器中都能够正常显示的颜色集合。 （ ）

12．单击工具箱中切片工具组中的【切片选择工具】 ，在需要选择的切片上单击，即可选中该切片。 （ ）

13．在图形区域内部，除了能够填充单色外，还可以填充文字，只要将【填色】色块设置为文字即可。 （ ）

14．使用【描边】面板可以控制线段的粗细、虚实、斜接限制和线段的端点样式等参数。 （ ）

四、简答题（每题 8 分，共 2 小题，共计 16 分）

1．对象太多时，如何避免误操作？

2．文字类型可以相互转换吗？

附录 F　知识与能力总复习题 2（内容见下载资源）
附录 G　知识与能力总复习题 3（内容见下载资源）